阅读成就思想……

Read to Achieve

儿童青少年
心理咨询与治疗
——系列——

焦虑的孩子

关于儿童青少年
焦虑问题的心理研究

［爱尔兰］夏洛特·威尔逊（Charlotte Wilson）◎著

李庄琦 ◎ 译

Understanding Children's Worry

Clinical, Developmental And
Cognitive Psychological Perspectives

中国人民大学出版社
·北京·

图书在版编目（CIP）数据

焦虑的孩子：关于儿童青少年焦虑问题的心理研究 /（爱尔兰）夏洛特·威尔逊著；李庄琦译. -- 北京：中国人民大学出版社，2023.10
书名原文：Understanding Children's Worry: Clinical, Developmental And Cognitive Psychological Perspectives
ISBN 978-7-300-32193-6

Ⅰ.①焦… Ⅱ.①夏… ②李… Ⅲ.①焦虑－儿童心理学－研究②焦虑－青少年心理学－研究 Ⅳ.①B844

中国国家版本馆CIP数据核字（2023）第178219号

焦虑的孩子：关于儿童青少年焦虑问题的心理研究
［爱尔兰］夏洛特·威尔逊（Charlotte Wilson） 著
李庄琦 译
Jiaolü de Haizi : Guanyu Ertong Qingshaonian Jiaolü Wenti de Xinli Yanjiu

出版发行	中国人民大学出版社		
社　　址	北京中关村大街31号	邮政编码	100080
电　　话	010-62511242（总编室）		010-62511770（质管部）
	010-82501766（邮购部）		010-62514148（门市部）
	010-62515195（发行公司）		010-62515275（盗版举报）
网　　址	http://www.crup.com.cn		
经　　销	新华书店		
印　　刷	天津中印联印务有限公司		
开　　本	890 mm×1240 mm　1/32	版　次	2023年10月第1版
印　　张	8.25　插页1	印　次	2023年10月第1次印刷
字　　数	160 000	定　价	69.00元

版权所有　　　侵权必究　　　印装差错　　　负责调换

序言

UNDERSTANDING CHILDREN'S WORRY

当我作为全职临床心理学家工作时，我致力于帮助和支持一些被焦虑严重影响生活的年轻女性。自那时起，我就对儿童焦虑的发展产生了兴趣。要不是她们信任我，要不是她们愿意与我分享她们的经历，我也无法开始这段旅程。一路走来，我遇到了许多满怀焦虑和忧心忡忡的人，不论是年轻人还是年长者，他们都挑战了我的看法，让我更深入地思考焦虑，并试图更好地理解它。我与同事们进行了无数次的对话，他们塑造了我的想法；我也很开心能和优秀的学生及实习生共事，他们为我提出的一些问题找到了答案，还启发我提出了其他更重要的问题。我想对所有这些人表示感谢。

最重要的是，我想感谢在我生命里出现的那些最重要的焦虑者和非焦虑者，他们是保罗、凯瑟琳、莉齐、乔治、黑兹尔、玛格丽特和德里克。感谢你们所有的爱和支持。

这本书已经酝酿了很久。从我最初提出关于焦虑和担忧的一些观点，到在许多不同学生的帮助下展开大量的研究，再到我真正地将所有想法写在纸上，这是一个漫长的过程。因此，在全球疫情肆虐的情况下能完成这本书并写下这篇序言，还真有点不可思议。2020年伊始，新型冠状病毒感染（COVID-19，以下简称新冠病毒）就开始在全世界蔓延。它在2020年2月袭击了爱尔兰，中小学和大学也在同年3月12日关闭。在过去的100多天里，我一直和我的两个女儿待在家里，我注意到了自己的焦虑情绪，也回应了她们的焦虑。这也许是写本关于儿童焦虑的书的绝佳时间了。英国的一个研究项目Co-Space从新冠病毒疫情的早期阶段就一直在对儿童和家庭的心理健康进行追踪研究。起初许多国家处于封锁状态，而目前我们有了更多的自由，但未来的不确定性也许也增多了。不出所料，自家孩子的健康是英国父母最显著的压力之一。他们报告说，家中的儿童和青少年担心自己会感染新冠病毒，也担心他们所爱的人感染病毒；他们还报告说孩子们担心自己无法上学。据父母所说，较年幼的学龄前儿童担心自己错过和朋友社交、玩耍的活动，又为与朋友相见而烦恼。尽管有些焦虑和担忧是合理的，但有近15%的父母汇报说家里的儿童和青少年连走出家门都感到焦虑，这说明这些担忧和焦虑可能对一些人产生了重大的影响。儿童和青少年两个年龄组中最突出的焦虑是相似的，都是对不确定性的焦虑。青少年对返回学校有更多的不安和焦虑，他们的焦虑包括：可能会感染新冠病毒；由于失去在校学习的时间而导致自己在学业上力不从心；不知如何管理自己新的学习任务。这些焦虑在有额外特殊教育需求和心理健康需求的儿童中更为普遍。

在撰写本书时，Co-Space 研究的最新结果表明，除去普遍焦虑中存在的发展差异，这一流行病对儿童和青少年的心理健康还产生了不同的影响：儿童的情绪问题会随着时间的推移而增加，但青少年的情绪障碍却随之减少，已经有额外需求的儿童所经历的情绪困难可能也较少。随着我们进入一种新常态，青少年也具备了理解全球形势的认知能力，而年幼些的儿童则是在努力地理解为什么有些事情现在可以做了，有些禁令尚未解除；那些平素认为到校上学是种压力和困难的孩子则从不必去学校上课中获益。

这些早期的结果表明，焦虑在儿童和青少年身上是多么普遍，而且也可以是相对良性的。

我自己家中有一个 7 岁和一个 11 岁的孩子，平日里我就能看到上述这些焦虑在我面前上演。7 岁的孩子想知道她什么时候可以和朋友一起玩，什么时候可以去朋友家过夜，什么时候我们可以再去看望祖父母。她不明白为什么当她和朋友们一起玩的时候要保持一段距离；她也不明白为什么大人说在户外玩比在室内玩更好，但如果能在户外和朋友一起玩，她就心甘情愿，毕竟有得玩总比没得玩好。而我那 11 岁的孩子虽然明白规则不是绝对的，但不明白为什么有些人似乎连尝试遵守规则都做不到。她讨厌这一切的不确定性，她想知道在 9 月时是否能正常返校上课。目前，她可以通过平板电脑或手机的视频功能以及线上游戏与朋友们在虚拟世界保持联系,因此与他人进行沟通对她来说不是一个问题。

关于新冠病毒对儿童的危险性的相关证据正在开始出现,就早期的迹象来看是好的。因为看起来儿童确实不是感染该病毒的高风险人群,因感染该病毒而遭受巨大痛苦的风险也不高。在帮助焦虑和忧心忡忡的儿童方面,我们所知道的是,我们需要利用这些信息来鼓励我们的孩子走出房门。哪怕是缓慢地,他们也需要开始参与过去做过的事情,特别是开始做他们喜欢的事情。他们会对再次开始参与这些日常活动感到担忧,因为疫情发生以来,他们就被告知这些活动很危险,从而不被允许这样做。但是父母、兄弟姐妹和老师可以支持这些孩子慢慢地、一步一步地重新开始做这些事情。大人们可以倾听孩子们的焦虑和担忧的想法,同时可以向他们保证有些事情是安全的,他们有足够的勇气和力量去做。对于年幼的孩子,这种支持可能是简单的安慰和鼓励;对于年长的孩子,进行解释可能会有帮助。

这本书并不是一本治疗手册。它没有关于儿童对新冠病毒的焦虑在未来几个月和几年内将如何变化的答案,但我希望那些关于发展、系统和临床的心理学如何帮助我们理解儿童焦虑的见解,能够帮助我们了解这些焦虑是如何变化的,并将推动进一步的研究来帮助我们支持那些最需要的儿童。

目录

UNDERSTANDING CHILDREN'S WORRY

| 第1章 | 焦虑是什么 | 1 |

	焦虑的定义	3
	问题解决和焦虑	5
	负面情感和焦虑	10
	焦虑的口头语言特性	13
	焦虑的功能	18
	测量儿童的焦虑	20

| 第2章 | 儿童的焦虑及发展 | 35 |

| | 发展语境下的焦虑 | 37 |

焦虑在童年期间的发展	38
焦虑的组成	41
结论	66

第3章 儿童的焦虑与家庭　　69

焦虑和忧虑在儿童和父母身上的一致性	72
养育行为与焦虑	76
依恋和焦虑	86
父母和孩子的焦虑过程	89
儿童焦虑治疗中父母参与的情况	92
结论	98

第4章 当儿童的焦虑成为问题　　99

| 问题性焦虑涉及的过程 | 102 |
| 广泛性焦虑症模型：儿童和成年人的相似性与差异性 | 131 |

第5章　儿童的焦虑情绪和心理障碍　　135

儿童的广泛性焦虑症　　138
童年焦虑中的忧思愁绪　　142
儿童和青少年抑郁症和心理障碍中的焦虑　　144
精神病中的焦虑　　146
进食障碍中的焦虑　　148
失眠症中的焦虑　　149
疼痛中的焦虑　　152
自闭症谱系疾病中的焦虑　　155
注意缺陷与多动障碍中的焦虑　　158
焦虑的治疗　　160
关于不同心理障碍中的焦虑的结论　　166

第6章　对焦虑的全新发展性理解　　169

关键问题　　171
焦虑的发展过程：从婴儿期到青春期　　174
焦虑问题性特征的发展　　180
对焦虑全新发展性理解的总结　　182
对焦虑的全新理解的意义　　184

下一步在哪里？制定儿童焦虑的研究议题　　191

结论　　193

参考文献　　195

第 1 章

焦虑是什么

UNDERSTANDING
CHILDREN'S
WORRY

第1章 焦虑是什么

焦虑的定义

13岁的杰拉尔丁因为持续不断的焦虑来寻求帮助。与临床心理医生见面时,她说自己没有一刻不感到忧心忡忡。当意料之外的事情发生时,她的思绪就会快速地跳跃,想象可能发生的各种不同后果。那段时间里,她的父亲经常因为加班而很晚回家,于是她就开始担心父亲是不是遭遇车祸身亡,担心父亲因失业而一走了之,担心父亲因为不再爱她和姐妹们而决定不回家了。这些烦恼、愁绪会不断地涌现,直到父亲走进家门才会停止。事实上,父亲只是因为开会超时了而无法准时下班。杰拉尔丁告诉医生,她总是出现这样的情况。

《牛津英语词典》(*The Oxford English Dictionary*)对"焦虑"有着这样的定义:

1. 由于生活中的烦恼和忧虑所引起的心绪不宁的状态;令人不安的焦虑感或忧心感。
2. 指产生这种情况的具体事情;引发焦虑的原因或事物,也指烦心事,挂念。

焦虑并不是什么罕事，几乎所有的成年人都表明自己会不时地感到忧心、烦恼，有高达70%的7~8岁儿童也报告说有这样的情况。在流行的说法中，焦虑和忧虑、紧张不安、担忧、恐惧及不确定性是同义词。话虽如此，但我们如果要比较这几个现象的不同，就会发现，焦虑其实有着特定的内容特征。如果我正为某件事焦虑，那么不可避免地就会一直想着这件事。这些愁绪在我脑中萦绕不散，真是剪不断理还乱！但焦虑和紧张不安是不同的。当我恐惧或紧张时，我可以确切地知道自己在害怕什么；而当我感到焦虑时，我可能是先开始烦恼某件事情，然后思绪一直流淌到了完全不同的地方才结束。研究人员正因为注意到了焦虑的这些特点，所以将焦虑作为一个独立于恐惧的研究对象。学术文献中对于焦虑的早期定义重在强调其与恐惧的区别：恐惧是躯体上急性的体验，而焦虑则有着重复和反复出现的特性。虽然焦虑中也有担惊受怕的一面，但焦虑和恐惧仍有所区别。早期对"焦虑"的定义适用于所有的表现形式，不论是正常范围内的忧虑或担忧，还是需要进行临床干预的焦虑，都有着相同的定义。20世纪80年代初，博尔科韦茨（Borkovec）及其同事的研究使人们对"病态焦虑"的兴趣逐渐增加。早在1983年，博尔科韦茨和他的同事就在相关文献中对"病态焦虑"做出了定义：

> 一连串充满负面情感色彩、较难控制的想法和画面；当出现一个虽然结果不确定，但可能包含一个或多个负面结果的问

题时，焦虑代表了一种在心理层面进行问题解决的尝试；因此，焦虑和恐惧的过程密切相关。

这一定义突出强调了"焦虑"的几个不同方面。它强调了焦虑具有问题解决的功能，也点出了与焦虑相关的负面情感。博尔科韦茨在1994年通过进一步的研究还发现，人们的焦虑主要是通过口头语言表现出来的。上述三个方面推动了与焦虑有关的研究的发展，带动了许多焦虑相关理论的涌现，促进了针对病态焦虑的数种不同但有效的治疗方法的提出，还帮助人们更好地理解了焦虑在各种心理问题中可能产生的作用。但在这几个研究领域里，与儿童焦虑有关的研究却远远落后于对于成人焦虑的研究。人们已经意识到焦虑是一种独立存在的现象，同时也承认焦虑会在人的一生中日益增多，对这一现象也进行了一些研究。这一章节主要介绍了焦虑的三个方面：焦虑作为问题解决的方式、焦虑和负面情感的关系，以及焦虑在口头语言中的表现。借由对这三个方面的讨论，我们可以比较并得出成人和儿童焦虑的异同点。在本章结尾，我们将对焦虑的功能以及测量焦虑的方法做出总结。

问题解决和焦虑

一直以来，人们都认为焦虑具有问题解决的功能，对那些常常感到烦恼忧虑的人而言更是如此。虽然数量不多，但仍有一些重要的文献着眼于研究问题解决在我们理解成年人焦虑时所扮演的角色。在关于日常焦虑为数不多的研究中，塔利斯（Tallis）等人在 1994 年发现，容易焦虑和不易焦虑的人都认为"试图解决问题"是引发他们焦虑的主要原因。虽然对"焦虑是否为问题解决的有效方式"这一问题的研究非常少，但对于那些在生活中饱受焦虑困扰的人而言，焦虑显然并不能成为他们解决问题的合适选择，试图将焦虑作为解决问题的方式显然是有问题的。

研究发现，问题解决过程的不同方面都与焦虑有关。最初的假设集中于研究存在缺陷的问题解决方式。在德苏里拉（D'Zurilla）和戈德弗里德（Goldfried）在 1971 年提出的问题解决模型中，问题解决包括以下几个阶段：识别问题、找出可能的解决方案、选择解决方案、执行解决方案以及反思方案的有效性（见图 1–1）。

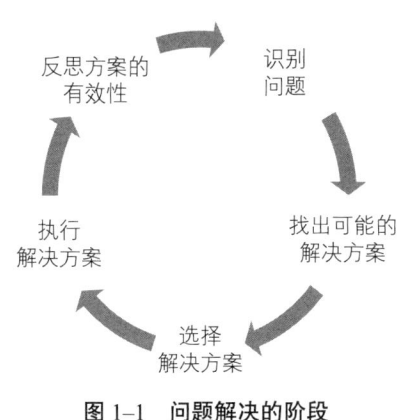

图 1–1　问题解决的阶段

第1章 焦虑是什么

如果长期焦虑者在问题解决的过程中感到困难，那么这几个步骤中的一个或全部可能都存在缺陷。达韦（Davey）在1994年通过研究成年人的焦虑和问题解决，对这一话题进行了详细探讨。他使用方法目的问题解决量表（means end problem solving inventory，MEPS）来测试人们使用问题解决步骤来达成目标的能力，之后测试这种能力和找到有效解决方案的能力二者与解决问题的信心、趋避类型以及个人控制力的相关性。其中个人控制力的测量是借由赫普纳（Heppner）和彼得森（Petersen）于1982年提出的问题解决量表（problem solving inventory，PSI）进行的。达韦不仅发现焦虑与问题解决的能力无关，还发现问题解决的能力与问题解决的信心无关。尽管如此，但那些有着高焦虑水平的参与者在解决问题时仍表现出了较低的信心。由此，达韦得出结论：焦虑者之所以在试图解决问题时会遇到困难，并不是因为他们本身是糟糕的问题解决者，而是因为他们对自己不够自信。但在考量儿童的焦虑和问题解决时，我们有充分的理由来质疑是否真的存在问题解决缺陷（problem-solving deficits）。一般而言，问题解决会受到认知发展的影响，甚至还会受到社交能力与情绪发展的影响。不仅如此，有心理障碍的儿童在问题解决的不同方面可能会面临一些特定的困难。例如，道奇（Dodge）和克里克（Crick）曾于1990年在社会信息处理框架内对德苏里拉和戈德弗里德的问题解决模型进行了重新阐述，以解释展现出攻击性行为的儿童身上所存在的社会问题解决缺陷。尽管这些缺陷在不同的年龄阶段表现出了一些差异，但展现攻击性的儿童确实在以下几个方面遇到了麻烦：他们会对他人产生无来由的敌意，无法选择积极主动的解决方案，并预设只有采用具有攻击性的、激进的解决方案才能解决问题。

几年后，达莱登（Daleiden）和瓦齐（Vasey）的研究发现了具有攻击性的儿童和焦虑的儿童身上的相似之处：两个群体都对问题解决感到棘手。于是，这两位学者建立了一个模型来解释焦虑的儿童在解决问题时可能会遇到的困难。他们提出，焦虑的儿童表现出的注意力偏差会导致他们将中性的情况判断为威胁，或是在问题解决的框架内着眼于那些不存在问题的地方。他们认为，焦虑的儿童可能受到注意力分散的影响，从而无法思考几种不同的解决方案，或者无法将解决方案执行到底。他们还提出，焦虑的儿童更可能会选择逃避型解决方案，而不是积极主动地介入问题，而且这些儿童还可能在实施已选定的解决方案时遇到困难。因此，尽管与成人焦虑有关的文献表明，解决问题的能力和焦虑并无关联，但对儿童而言，焦虑程度高的儿童解决问题的能力也较差，这可能是发展因素导致的。上述这些假设都得到了一些证据的支持。焦虑的儿童的确会表现出容易将中性或模糊的刺激判断为威胁的倾向，威胁也确实更容易使他们分心，并且他们也偏向于选择逃避型解决方案。因为需要进行自然观察，所以要测试执行过程中的失败存在一定难度。然而，这样的情况对治疗焦虑儿童的临床医生而言却十分常见。尽管如此，但对于这样的失败是由焦虑造成的，还是特别地由焦虑中的忧虑造成的，目前尚没有清晰的定论。德拉克申（Derakshan）和艾森克（Eysenck）2009年的研究认为，正是焦虑中的担忧或忧虑成分妨碍了问题解决，但这只会影响其中信息的加工处理效率。他们认为，忧虑和/或焦虑对于解决方案执行效率的影响相对较小。有为数不多的研究专门测试了儿童的忧虑、焦虑和问题解决之间的关系，而上述发现恰好与这些研究的结果相一致。至今已有两项研究对这一关系进行了探讨。例如，威尔逊（Wilson）和休斯（Hughes）在2011年使用韦伯斯特－斯特拉顿（Webster-Stratton）和里德（Reid）在2003年为惊奇岁月项目（incredible years programme）开发的威利问题解决任务（wally problem solving task），来探究6～11岁儿童的社会问题解决能力。与达韦的发现类似，我们也发现在将较高焦虑水平和较低焦虑水平的儿童进行对比时，他们对人际交往中的问题提出若干解决方案的能力并没有差异，但是那些有较高焦虑水平的儿童对自己解决问题的能力表现出了信心不足的情况。虽然研究并未测量问题处理过程的效率，但是对儿童而言，焦虑并不会影响其提供的解决方案的有效性。帕金森（Parkinson）和克雷斯韦尔（Creswell）于2011年使用替代解决方案测试（alternative solutions test）进行了研究，并将上述发现拓展到了高焦虑水平和低焦虑水平的儿童样本中。他们发现，不同焦虑水平的儿童解决问题的能力不存在差异，但与非焦虑组相比，焦虑组的儿童对自己解决问题能力的信心明显不足。

虽然这些研究无法对现实生活中的问题解决或对焦虑儿童的问题解决效率进行全面的探讨，但它们确实表明，解决问题的信心可能是高焦虑水平的儿童和成年人解决问题时的关键方面。我们可以假设，这种解决问题的信心本身可能与处理效率低有关：找到成功的解决方案令人信心大增，而不知从何下手时则会对解决问题的信心产生更大的影响。

作为病态焦虑或广泛性焦虑（generalised anxiety disorder, GAD）模型中的重要因素，消极问题取向是问题解决的另一个方面，这在焦虑的框架下得到了广泛的研究。其在病态焦虑模型中发挥的作用，我们将在第 4 章对其进行具体讨论。

总之，在讨论焦虑和问题解决之间的关系时，成年人和儿童之间的相似之处可能会多于差异。高水平的焦虑可能并不会影响一个人解决问题的效果，却会影响他对于解决问题的自信和效率。焦虑可能是解决问题的一个有效措施，但不一定就是最好的选择。

负面情感和焦虑

焦虑所引起的感受往往会成为我们的困扰。尽管焦虑的目的可能是解决问题，但当我们考量潜在威胁时，负面情感也会增加，并且焦虑和负面情感之间的关系在各种文化中似乎都有所体现。然而，焦虑和情感之间的关系更为复杂，并不是如线性关系那样直接简单。尽管焦虑会使我们倾向于做出"有威胁"的判断，但焦虑作为一种口头表达（见本章下文），可能有助于减轻或抑制人们面对威胁时的反应。贝哈尔（Behar）及其同事在2009年回顾五种不同的病态焦虑/广泛性焦虑症模型时提出了这样的论述：所有模型都不约而同地强调了对内在情感体验的回避。我们将在第4章对这样的回避模型进行讨论。这些被回避的体验包括思想、信念和感觉，但共同点在于所回避的都是其中的情感体验部分。因此，我们在感到焦虑时会出现一种矛盾的情形：我们虽然会感到不舒服，但不舒服的程度却比真正受到威胁时轻。

成年人身上有大量证据可以表明负面情感和焦虑之间的联系，但这样的联系在儿童身上的表现却少得多。再者，由于在那些与儿童的情绪和焦虑有关的研究中并没有为这二者的关系提出直接的解答，因此我们难以得出强有力的结论。例如，伍德拉夫-博登（Woodruff-Borden）及其同事探讨了与儿童焦虑有关的负面情感的气质维度（temperamental dimension of negative affectivity）。这种气质性负面情感的建构指的是一种性格特征，它将导致个体在看待世界时更为消极，并经历更多的负面情绪。这种特征在童年中期可以借助由西蒙兹（Simonds）和罗特巴特（Rothbart）在2004年提出的童年中期气质问卷（temperament in middle childhood questionnaire，TMCQ）得到可靠的评估。在对社区内 7～12 岁儿童的三项研究中，伍德拉夫 – 博登及其同事发现，那些在宾州忧虑问卷儿童版（Penn state worry questionnaire for childern，PSWQ-C）中被认为具有较高焦虑水平的儿童，其父母的问卷结果也显示了较高的气质性负面情感水平。这是一个重要的发现，但它在许多方面存在局限性。除了研究中父母所汇报的气质引发了一些争议，更重要的局限在于，这三项研究并没有为我们提供太多关于儿童的焦虑情感体验的信息，有一项研究则是以青少年为对象，探讨了他们的焦虑情感体验。一个样本数量为 340 的大型青少年样本完成了宾州忧虑问卷儿童版和情绪自评量表（sepression anxiety stress ccale，DASS），结果发现，宾州忧虑问卷儿童版中的"忧虑"项的分数与情绪自评量表中的所有三个量表——"抑郁""焦虑"和"压力"都高度相关，这是在意料之中的。但令人惊讶的是，进一步的分析发现，在"忧虑"项评分中，"压力"分值所占的方差比"焦虑"更大，即具有更大的波动和不稳定性。与年龄较小的青少年相比，这一结果在年龄较大的青少年中更为明显。对于年龄较大的青少年来说，"焦虑"项的分值并不能明确地预测忧虑，但"压力"项的分值却可以。而在年龄较小的青少年中，焦虑和压力都能预测忧虑的出现。在对个例焦虑症状的进一步分析中，福勒（Fowler）和绍博（Szabó）发现，宾州忧虑问卷儿童版的分数与紧张、易怒和难以放松等症状的关系最为密切；而问卷分数与心跳加快、呼吸困难和头晕目眩等通常被认为是焦虑核心症状的自主神经唤醒症状的关联性最小。这可能表明，焦虑中的唤醒、恐惧方面和认知、忧虑方面可能的确是分开的。以下部分我们将探讨儿童是如何体验焦虑的不同方面的，并看看上述说法是否属实。

作为为数不多的直接评估青少年焦虑情感体验的研究之一，福勒和绍博的研究值得我们注意。临床与研究经验都表明，焦虑含有强烈的情感成分，但福勒和绍博的研究结果显示，这种情感成分不一定能很好地映射到焦虑的自主神经唤醒症状上，而且可能也会受到发展因素的影响。探索焦虑的口头语言特性也许能够进一步解释焦虑的情感体验以及儿童和青少年之间的发展差异。

焦虑的口头语言特性

多项针对成年人的研究已经发现，焦虑具有口头语言的特性。如果你向成年人问起他们的焦虑，他们会告诉你，语言就是他们表达焦虑的主要方式。此外，一些操控实验被试通过语言或图像的形式表达焦虑的研究表明，语言表达出的焦虑更接近于问题性焦虑。博尔科韦茨认为，这可能是焦虑得以维持的机制之一。他提出，情绪反应无论是作为焦虑的典型表现出现的，还是基于想象所产生的，这些情绪在经由话语表达出来后都会得到减弱。因此，在面对恐惧的刺激时，不论是主动选择焦虑还是因自主反应产生焦虑，都有助于调节情绪反应。博尔科韦茨认为，这种对情绪反应的减弱效果直接地反映了焦虑是面对威胁时的一种情绪管理措施。但问题是，实际存在的威胁本身并没有得到解决；或者当威胁并未实际出现，但个人又没有意识到这些威胁只存在于想象中时，威胁对他们而言就仍然存在。尽管许多研究都支持博尔科韦茨的这一假设，但事实证明其结果难以复制，即使在支持这一假设的研究中，结果也表明情绪反应的弱化是一个复杂的过程。

针对儿童焦虑的口头语言特性的研究和讨论则更为有限。一些探索性的研究向儿童询问他们的焦虑，发现儿童焦虑的性质和功能都比成年人更为多样和丰富。虽然有些儿童表示他们是通过语言表达焦虑的，但也有许多儿童报告他们的焦虑并不完全是语言形式的，还有一些儿童说他们的大多数焦虑都不是借由语言表达的。我们也因缘际会地获得了一些证据支持了这一观察。我们采取了一种实验方式，随机地要求7～12岁的儿童使用语言或图像来表达焦虑，以此测试是否某一种表达模式可以更容易地抑制负面情绪。结果显示，并没有哪一种模式在抑制方面更具优势，也没有哪一种模式显示出与情感有更为密切的关联。为了检验实验的操作情况，我们在实验后和被试交谈，请他们估计一下自己在使用语言和图像表达焦虑上花了多少时间。结果几乎没有一位被试完全按要求来完成实验。无论被试被要求使用语言还是图像来表达焦虑，他们都倾向于汇报自己使用了大约50%的时间通过语言表达焦虑，而另外

50%的时间则是通过图像表达焦虑。这说明儿童难以改变自己与生俱来的焦虑表达方式，并且他们的焦虑也不是特别地以语言形式呈现的。

进一步的研究也表明，语言可能并不是儿童经历和表达焦虑的首要方式。在一项针对恐惧和焦虑进行评估的问卷调查中，斯宾塞（Spence）和同事初步研究发现，儿童在打分时并没有区分恐惧和焦虑。之后，坎贝尔（Campbell）、劳佩（Rapee）和斯宾塞在2001年进一步使用了一份包含24个指向消极后果的项目清单，要求5~16岁的儿童和青少年以及成年人对此给出回应。被试需要针对每个项目的以下方面进行评分：担心该项目的频次、思考该项目的频次，以及可能出现的后果的糟糕程度。研究人员发现，儿童对于后果的严重程度或糟糕程度的评分与担心程度的评分相似；而成年人对后果的思考频次与担心程度的评分是相似的。研究中涉及的青少年表现出的反应模式介于上述两者之间，这说明这样的情绪体验在某种程度上是逐渐变化的。绍博于2007年对这项研究进行了后续跟进，对行为回避和情感等方面进行了探讨。她再次发现，7~12岁的儿童并没有将自己的焦虑视为一种口头上的语言表达，他们所担心和焦虑的事情都是他们亲身经历过并产生过重大负面情感的事情，也是他们回避的事情。因此，使儿童感到焦虑的事情与使他们害怕的事情所带来的体验非常相似，而成年人的焦虑并非如此。成年人的焦虑体验往往是语言形式占据主导，而非强烈的情感表达。

在后续相关的研究中，我们探讨了儿童区分恐惧和焦虑的能力是否与他们将焦虑视为口头语言或具体行为的认知有关。在两项研究中，七岁以上的儿童能够根据所给故事中引发焦虑的小插曲，对故事中的儿童所经历的是焦虑还是恐惧做出可靠的区分。在故事中，有些小插曲对主人公的描述是"脑海里有很多想法"，而另一些小插曲的描述是"心跳加快并感到热"（见图1-2）。

> **故事一：恐惧**
> 这是萨姆
> 萨姆的妈妈要带他去参加一个生日派对
> 当萨姆到达派对现场时，他的朋友打开门邀请他进去
> 萨姆的朋友有一只大狗，当萨姆进屋时，它开始狂吠并向他跑来
> 萨姆的心跳加快，他的肚子里开始翻江倒海
> 萨姆的朋友认为萨姆是在害怕
> 萨姆的妈妈则认为萨姆产生了焦虑
>
> 你认为谁说得对？是萨姆的朋友还是萨姆的妈妈

> **故事二：焦虑**
> 这是萨莉
> 萨莉和爸爸妈妈一起在家里
> 萨莉去厨房取柠檬水
> 当萨莉把柠檬水倒进杯子时，手一滑，柠檬水洒在了厨房的桌子上
> 萨莉认为妈妈和爸爸会因为她洒了柠檬水而生气
> 妈妈认为萨莉产生了焦虑的感受
> 爸爸则认为萨莉是感到恐惧
>
> 你认为谁说得对？是萨莉的妈妈还是萨莉的爸爸

图1-2 用来区分恐惧和焦虑的小插曲

第1章 焦虑是什么

4~6岁的儿童在面对这些故事中的小插曲时,并无法像7岁以上的儿童那样很好地区分恐惧和焦虑。有人认为在这个年龄阶段,女孩在区分恐惧和焦虑上的表现比男孩更好;但到了7岁以后,大多数孩子都能在这项任务中得到最高分。在其中的第二项研究中,我们采取了与绍博在2007年所使用的相同的评估方式来探讨恐惧、焦虑和思维之间的关联。正如绍博和坎贝尔等人所发现的,在5~10岁的被试中,焦虑、恐惧和思维之间存在着明显的关联。但是我们想测试的是,每个儿童区分恐惧和焦虑的能力与他们将焦虑视为口头语言倾向之间是否相关。结果很清楚:二者不存在关联。这说明,儿童区分故事中恐惧和焦虑的能力与他们自身的恐惧和焦虑经历无关。这也反映了目前我们对于年幼儿童的焦虑体验缺乏足够的理解,对这样的体验和青少年或成年人的焦虑体验之间的差异也缺乏了解。

上述各种不同性质的研究都提供了有力的证据,证明口头语言并不是儿童经历焦虑的主要方式。无论是经实验进行操纵的焦虑,还是在焦虑和语言所暗示的关系上,儿童的表现都与成年人不同。因此,我们的疑问仍然未得到解答:儿童焦虑的基本性质是什么?这种焦虑又是如何随着时间的推移,逐渐发展为成年人身上以言语表达为主要形式的焦虑呢?

焦虑的功能

研究成年人焦虑的功能主要通过以下三种方式：临床观察患有广泛性焦虑症的成年人对其焦虑功能的自述；基于临床观察，询问成年人对焦虑的看法；发展焦虑功能的相关理论。

当成年人被问及为何焦虑时，他们就焦虑过程的作用给出了五花八门的解释。例如，博尔科韦茨和罗默（Roemer）在1995年时曾询问广泛性焦虑症患者为何会焦虑。他们发现焦虑的原因一般分为以下六种：（1）为了增加或保持动力；（2）为了解决问题；（3）为了做好准备；（4）为了避免或预防灾难；（5）为了将注意力从充满情绪化的话题中转移开来；（6）出于迷信的想法。博尔科韦茨和罗默根据这六种功能编写了一份简短的问卷。结果显示，与没有广泛性焦虑症的成年人相比，成年人广泛性焦虑症患者中有更多人报告他们会因上述所有原因而焦虑。弗朗西斯（Francis）和杜加斯（Dugas）则通过采访成年人来询问他们焦虑的原因。在他们关于对焦虑的积极看法的访谈中，只有四个因素被提及，分别是：（1）焦虑是为了帮助问题解决和提供激励；（2）焦虑是为了预防未来可能出现的负面情绪；（3）会焦虑意味着你是个好人；（4）焦虑是一种神奇的想法。另一个关于对焦虑积极信念的评估方式是元认知问卷（meta-cognitions questionnaire）中的积极信念子量表。也许是因为这一评估方式也为了测量引发问题性焦虑（problematic worry）的其他广泛元认知过程（见第 4 章），所以这个问卷集中在探索积极信念的子分组问题，特别是关于"应对和有条理地进行问题解决的信念"和关于"避免未来问题的信念"的问题。在使用不同方法来测评成年人焦虑的感知功能时，我们虽然会发现这些功能有所重叠，但是不同的模型和研究者强调的是这些功能的不同方面。

除了对焦虑的功能进行有意识地测评外，许多临床研究人员也通过仔细地观察患者，提出了一些与焦虑功能有关的理论。这些理论大多数是作为临床理论出现的，例如焦虑能抑制情绪反应、保持较低情绪水平以避免情绪激化，以及减少不确定性。正经历焦虑的人对这类过程的感受可能并不明显，因此这些临床理论对我们理解焦虑的功能至关重要。直接对个人进行访谈，并了解其对焦虑的看法是有价值的；观察形形色色、有问题性焦虑的人，并确定更多无意识的反应模式也具有一定的补充价值。

在探索焦虑的功能对儿童的影响时，一个类似却有些不同的模式出现了。我们询问了 6～12 岁的儿童对焦虑的看法，有将近 50% 的 6 岁儿童能够说出至少一个关于焦虑的积极信念，而在 12 岁儿童中，这个比例则上升到了大约 70%。在儿童眼中，焦虑的功能包括帮助他们透彻地思考问题、解决问题，激励他们，让他们小心以保持安全。他们还相信焦虑能展现他们对他人的关心。我们也询问了青少年对焦虑的看法。在威尔逊 2008 年的报告中，青少年的看法和成年人非常相似，但值得注意的是，他们对焦虑的看法也和同龄人有关（见第 4 章）。许多研究使用了由成年人问卷改编的问卷来对这些关于焦虑的积极信念进行评估，包括元认知问卷的积极信念子量表和为什么焦虑量表Ⅱ。这些研究表明，儿童和青少年对焦虑的积极信念和成年人类似。

在通过探索焦虑的理论来理解焦虑的功能时，这些理论在有关儿童焦虑方面的发展明显不足。我们在第 4 章中进一步描述了一些为成年人广泛性焦虑症开发的临床理论被应用于儿童身上的测试，前文提到的许多理论至少能在青少年身上得到一些印证与支持，但鲜有理论能超越这一范畴。

因此，我们在理解儿童焦虑的功能方面仍有欠缺，缺少一些在儿童对焦虑的有意识评价以及成年人对焦虑的理解范畴之外的理论、模型或解释。有迹象表明，这些功能可能是不一样的。此外，发展方面的因素，如认知成熟程度或社会关系的重要性，都可能影响焦虑潜在的功能，但是目前还不清楚差异会有多大。

测量儿童的焦虑

评估儿童的焦虑

当前已经有许多用于评估焦虑的问卷、访谈和实验性的方法，其中大部分是为成年人所开发的,并为儿童做了一些改编;也有一些评估方式是由从事儿童工作的临床医生和研究人员开发的,用于评估焦虑的一些关键方面。许多研究人员关注儿童焦虑和焦虑的内容,而其他研究人员则对焦虑的过程更感兴趣。另外,临床医生更关注的是焦虑的临床表现,包括使焦虑成为困扰的因素,如强度、频率和不可控性,以及基于忧虑情绪的其他焦虑症状,如广泛性焦虑症。下面将对评估儿童焦虑的不同方法进行回顾。

评估儿童焦虑的内容:使用检核清单

有一篇有趣的文献曾对儿童焦虑的内容进行了追踪。事实上,许多早期关于儿童焦虑的论文都集中于讨论焦虑的内容。这些文献可以帮助我们追踪焦虑在不同年代的发展和变化(见第2章),也可以帮助我们探索不同年龄和性别的儿童所烦恼的内容的差异。

评估儿童焦虑内容的方法主要有两种:问卷调查和访谈。而这两种方法似乎可以触及焦虑的不同方面。问卷调查中通常会列出儿童可能焦虑的不同事项,并要求被试或患者勾选自己所焦虑的事项。这个方法有一个好处,即清单可以作为对儿童的一种提醒,因为儿童可能不大擅长记得自己曾经烦恼过的事情,而且如果填写问卷的当下他们没有感到类似的烦恼,那么他们也可能会忘记(见第2章中更多关于未来思维的研究)。另一个好处是,与大声说出自己烦恼的内容相比,儿童可能会觉得通过打钩汇报那些令人尴尬或羞耻的焦虑是更好的方式。但是这种方法的一个缺点是，除非你额外提出访谈要求，否则便无法衡量该种焦虑对于儿童的重要性。例如，儿童可能会在问卷中对一种持续数小时并妨碍生活的焦虑和另一种在几个月前短暂出现的焦虑做出相同的判断。在临床上，儿童焦虑的内容似乎不如焦虑的其他方面重要，例如强度和频率会比内容更受重视。检核清单的方法可以将二者结合起来，在一份测量方案中既有一份焦虑的列表清单，又能对儿童所报告焦虑的强度、频率和不可控性进行评分。

奥顿（Orton）于1982年提出的焦虑调查表（the worries inventory）曾试图复制并延伸一项20世纪30年代由平特纳（Pintner）和列夫（Lev）进行的关于儿童焦虑的最早研究。在对少数儿童进行采访，询问他们的焦虑并确定原始调查表上是否有遗漏项目后，奥顿最终确定了调查表上的62个项目，并将调查表发放给645名10～12岁的儿童。这些项目包括对学校、家庭、个人健康和福祉的焦虑，对社会适应性的焦虑，想象的或不合理的焦虑，对个人能力、经济和外表的焦虑。她发现受调查群体中存在着有趣的性别差异：女孩们在其中一半的项目上报告了更多的焦虑。尽管与1940年的研究相比，焦虑的内容有一些变化，但这些变化主要集中在那些儿童最不可能焦虑的方面，而不是他们最可能焦虑的方面。但值得注意的是，这些类别时至今日与焦虑仍有相关性，并且在其他许多涉及焦虑检核清单的研究中得到复制和体现。例如，西蒙（Simon）和沃德（Ward）于1974年在一项实验研究中开发了两份由100个项目组成的焦虑清单问卷。这些问卷的类别涵盖了家庭、学校、经济、社会、个人能力、个人健康、动物和想象力。他们的研究再次发现，女孩在一些领域中报告的焦虑比男孩更多。

但自从这些早期的调查问卷面世以后，鲜有专门探索焦虑内容的调查问卷再被开发出来。一个例外是中国青少年忧虑倾向性量表（worry tendency questionnaire for Chinese adolescents）。这一问卷是为青少年开发的，其中包括了对学习、健康、人际关系、对未来的不确定性和信心等事项的焦虑。这是非常有趣的，因为该评估方法不仅开发时间晚于早期的焦虑检核表，而且是在不同文化背景下开发的，但其中的许多类别却与早期的焦虑检核表重叠了。不同焦虑内容的这种共通性确实表明，尽管男孩女孩之间可能存在差异，焦虑的频率也存在差异，但不同时代和不同个体之间焦虑内容的相似之处仍多于差异。在与焦虑的儿童一起工作时，尽管个体差异可能非常重要，但是焦虑内容的普遍共通性也许能揭示一些焦虑的重要性质。对不同文化背景的成年人焦虑的研究表明，个体焦虑可能会因为个人情况而有所不同，但一些宏观的焦虑，或是对于更广泛世界的焦虑看起来的确具有普遍性和共通性。有人曾提出，这些广泛共性的宏观焦虑直到青春期时才会形成，原因是青春期时抽象思维已经得到了充分发展。由此我们可以预计，在青春期到来前，儿童时代的焦虑内容会因为个人情况的不同而出现更多的差异。这将在

第 2 章进一步讨论。

因为存在更多差异,所以有一些调查问卷可以通过增加或删减类别和项目,以适应不同年代和不同文化的需要,用于评估儿童焦虑的内容。这些问卷也可以为了评估焦虑的不同方面而进行调整,例如在测量个体的焦虑频率和强度的同时,也能保持对广大儿童群体的普适性。尽管如此,如果条件允许对儿童担忧的事情进行访谈,他们可能会给我们提供与焦虑有关的相似信息,同时受访者还有机会谈及一些未被包括在问卷内的焦虑内容。这些被忽视的内容往往会因为研究人员或临床医生没有考虑到而没有被放进问卷。

评估儿童焦虑的内容:就儿童的焦虑进行访谈

最早的研究之一是由西尔弗曼(Silverman)、格雷卡(Greca)和沃瑟斯坦(Wasserstein)在 1995 进行的,研究人员对儿童进行了有关焦虑的采访。西尔弗曼及其同事询问了儿童在以下一些领域感到焦虑的情况:学校、成绩、同学、朋友、战争、灾难、金钱、健康、未来事件、个人伤害、小事情、外表和家庭。这些领域构成了采访的基本框架,但方式是向儿童提出开放式问题,而不是让他们勾选检核表上的项目。这样一来,受访儿童更能提出并捕捉到研究人员忽视的其他焦虑事项。除此之外,研究人员还就任何焦虑的强度、所担心的事件是否真正发生以及发生的频率等问题进行了询问。这时性别差异再次出现,以及更焦虑的儿童也会汇报更多和更强烈的焦虑事项。对儿童的焦虑进行访谈有一个好处,那就是儿童能够汇报当下对他们来说最重要的一个或多个焦虑事项,因为这些都是儿童所能回忆起的焦虑内容。此外,儿童还能在访谈中使用自己的语言表达焦虑,这对于获取那些通常不会被列入检核表的焦虑事项尤为有用。不仅如此,因为在儿童自发报告任何焦虑时,采访者都可以针对焦虑强度、频率和不可控性提问,所以这些问题可以很容易地融入访谈中。相反,使用检核表了解儿童焦虑的优点恰好就是与儿童面谈的缺点:儿童在接受访问时可能不会回忆起所有与他们相关的焦虑,而且他们可能会不愿意谈论那些使他们尴尬或羞耻的焦虑事件。对研究人员来说,对个别儿童进行访问可能非常耗时,因此,在研究中访谈的使用比检核表和问卷调查来得更少。这与临床实践形成了鲜明的对比。在临床实践中,为了充分了解儿童的焦虑,医生可能需要与他们交谈,并温和地探讨他们的经历和那些使他们痛苦的事情。差异还在于研究人员必须对回答研究问题所需的信息做出务实的决定,而临床医生则有足够的时间和意愿来充分地了解每个儿童个体。将不同的方法结合起来能为我们带来丰富的数据,才可以真正地帮助我们理解儿童的焦虑。

梅根是一个11岁的女孩,她为了自己的焦虑而到治疗所进行咨询。她难以说出是什么事情使她困扰,只是说觉得紧张。据她妈妈所说,梅根常常会因朋友及朋友对她的看法而烦恼,也常常因此向妈妈寻求安慰。梅根同意妈妈的说法,她承认自己担心朋友们对她的看法，但不知道该如何进一步解释这样的感受。治疗师给了梅根一份清单，上面是不同的焦虑项目，让她看看其中是否有与她情况相符的内容。在梅根逐一浏览清单时，她越来越清楚自己有哪些焦虑，没有哪些焦虑。她勾选的许多焦虑项目都与学校和考试有关，还有许多和友谊、遭受欺凌有关的担心。梅根很清楚，她焦虑的不是自己的身体健康，也不是气候变化和政治这样广泛的社会议题。治疗师与梅根一起讨论了这份清单。她对朋友的焦虑与对学校的焦虑有着紧密的联系。她认为自己在学校的学业表现很差，并且担心朋友可能不再跟她一起玩。她担心朋友们觉得她笨，因为当她考试成绩不佳时，便遭到了班上两个女孩的取笑。当这些焦虑事项联系在一起时，它们共同使得梅根在与学校有关的事情上都郁郁寡欢，并且不断地焦虑。

评估儿童的具体焦虑

临床医生可能会将儿童的焦虑内容作为不同类型焦虑的指标，并对内容感兴趣。与社交场合有关的焦虑可能是社交障碍的指标，而面对某种具体刺激的焦虑则可能反映了特定恐惧症，如恐惧蜘蛛或恐高。因此，一些基于症状的焦虑和忧虑的评估方法中也涵盖了与不同类型焦虑有关的问题。修订版儿童焦虑表现量表（revised child manifest anxiety scale，RCMAS）中有一个专门的子量表是关于忧虑的。斯宾塞于1998年提出的斯宾塞儿童焦虑量表（Spence children's anxiety scale，SCAS）以及伯马赫尔（Birmaher）等人于1997年提出的儿童焦虑和相关疾病筛查（screen for child anxiety related disorders，SCARED），都有针对广泛性焦虑症的子量表，而量表项目都集中在忧虑上。在马奇（March）等人于1997年提出的儿童多维焦虑量表（Multidimensional anxiety scale for children，MASC）中，广泛性焦虑症的症状是通过"对伤害的回避"子量表进行评估的。

类似地，有少数的问卷只关注一种焦虑。斯宾塞1995年提出的针对家长的社交焦虑问卷，以及2017年由斯图伊夫赞德（Stuijfzand）和多德（Dodd）提出的幼儿社交焦虑指数，都是专门为评估学龄前儿童和学龄儿童的社交焦虑而开发的，例如评估儿童是否对认识新朋友或询问其他孩子可否加入玩耍等事情感到焦虑。

许多问卷被开发出来评估儿童在特定环境下的焦虑，例如对癌症的焦虑或儿童对手术的焦虑。这些通常都是由专家团队依据临床或研究中常出现的项目而开发和验证过的。这些项目往往切实地关注焦虑的具体内容，这可以帮助临床医生了解儿童经历中的具体方面，并找出儿童可能需要帮助的地方。

因此，对焦虑内容的评估方式是受评估原因所驱动的。一方面，研究人员需要有可靠和有效的工具，因此问卷调查和结构化的访谈对他们而言大有帮助；另一方面，临床医生也需要了解儿童的主要焦虑，判断他们是否符合特定心理障碍的标准，并找到干预的重点。这些都可以通过研究儿童焦虑的过程来得到补充。

评估儿童焦虑的过程

除了评估焦虑的两种主要方式——问卷调查和访谈外，研究人员还开发了实验性程序来对儿童的焦虑过程进行评估。下面将对这三种方法进行回顾。

评估儿童焦虑过程的调查问卷

关于焦虑过程的问卷调查中，有一种问卷针对的是焦虑主要模型中的特定焦虑过程，涉及对焦虑的看法或对不确定性的无法容忍等具体问题。这些都将在第4章和第5章中的有关部分进行介绍。除了特定问卷，也有一些问卷是用于评估一般性的、更为普遍的焦虑过程。最为广泛使用的评估方法是使用宾州忧虑问卷（Penn state worry questionnaire，PSWQ）。宾州忧虑问卷是由博尔科韦茨及其同事开发的，目的在于捕捉焦虑中那些会引发问题的忧虑情绪。这些引发问题的忧虑情绪指的是过度、普遍和不受控制的忧虑倾向，他们认为这些方面对于成年人的广泛性焦虑症至关重要。该评估表的成年人版本中有16个项目与忧虑的性质有关，例如"我的忧虑使我难以承受"和"一旦我开始忧虑就停不下来"等。这些项目被按照从"完全不典型"到"非常典型"的五分制量表进行打分。这种评估方式被认为具有很好的心理测量特性，并被广泛应用于临床和非临床人群的焦虑研究之中。对于这一方法是单因素测量还是双因素测量仍存在争议，双因素结构主要指与负面措辞的问题有关，而不是指调查问卷触及了忧虑的两个不同方面。此外，在不同的文化背景下，因素的结构似乎具有相对的不变性。

1997年，宾州忧虑问卷成人版被乔皮塔（Chorpita）等人进行改编并应用于儿童。除了对项目的一些措辞进行了修改，例如"我的忧虑真的困扰着我"，项目数量也减少到了14个。自1997年以来，这个问卷被广泛应用于评测儿童的焦虑，也被证明了具备良好的心理测量特性。缪里斯（Muris）和他的同事在2001年对问卷的心理测量特性进行了深入全面的探究，他们发现对于年龄较小的儿童来说，三个反向的项目（即高分数代表低焦虑值，而不是高焦虑值）会造成困惑，因此去除这些反向项目可以提高量表的内在一致性。在确定成年人的焦虑因素结构时也反映出同样的情况，去除这些项目就可以显著地解决这一问题。因此，他们建议在评估低龄儿童时使用11个项目的宾州忧虑问卷儿童版。宾州忧虑问卷是至今为止研究人员和临床医生在评估焦虑中的忧虑情绪时最广泛使用的方法。

灾难化访谈：捕捉焦虑的实验范式

在实验范式中，一个值得注意的焦虑评估方法是瓦齐和博尔科韦茨在1992年提出的"灾难化访谈"（catastrophising interview）[①]。该方法首先是为成年人开发的。这个方法包括先让人产生焦虑感（可以是被试真实担忧的事件，也可以是研究者提出的担忧），然后询问被试"……有什么不好之处"。当被试给出答案时，它就会成为该问题的主题。例如，达韦和他的同事使用的原始提示是"变成自由女神像有什么不好的地方"，当被试给出诸如"我会很冷"的回答时，它就会被添加到提示问题中，继而提问被试"冷会有什么不好的地方"。灾难化访谈是一个反复的过程，因此被试给出的焦虑步骤数量会被记录下来。在一些研究中，这些步骤的内容也会被进行探讨。研究发现，灾难化访谈中的步骤数量与宾州忧虑问卷的分数有关，而且操控情绪可能也会影响这些步骤。这一过程中产生的大部分担忧和烦恼似乎也和社会评价有关，许多成年人被试会以"死亡"或"疯狂"等灾难性结局来结束访谈。

目前灾难化访谈已经被用于对各年龄段的儿童和青少年（见图1-3）的研究。缪里斯及其同事在1998年的研究中询问8~13岁的儿童他们在担心什么，然后问他们所担心的事情有什么不好的地方。尽管只有年龄大一些的孩子能提出更多的迭代步骤，但大多数孩子至少都能想出一个步骤。在一项对青少年的研究中，特纳

[①] 这里的"灾难化"指的是高估不幸发生的概率，期待着不堪忍受的事情发生。——译者注

第 1 章 焦虑是什么

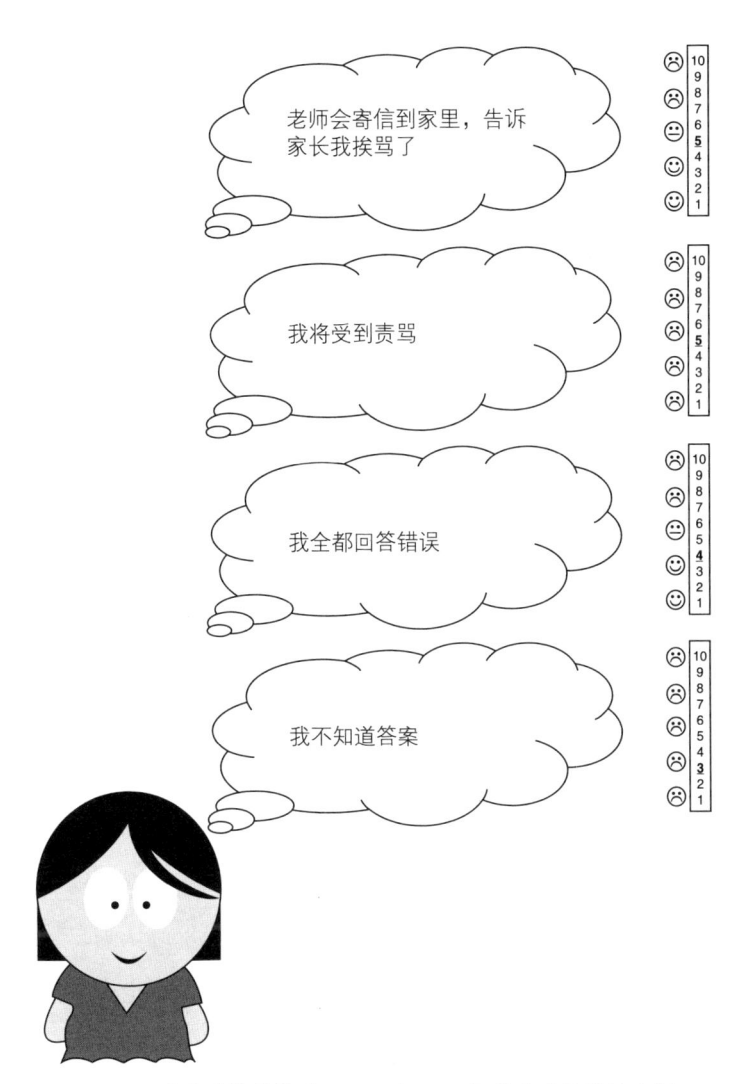

图 1–3 来自奥斯莱格（Osleger）2012 年的灾难化访谈实例

（Turner）和威尔逊要求 11～13 岁的孩子首先提出个人担心的事情，以此作为灾难化访谈的基本焦虑事件。被试提出了一系列的迭代步骤，平均为八个，这表明在该年龄段的青少年有能力提出相当数量的焦虑迭代步骤。此外，许多青少年也能将自己焦虑的过程进行报告，据他们所说，焦虑感会在反复提及忧虑事件的过程中逐渐恶化。

一个有趣的发展性观察指出，这些儿童焦虑过程的终点与成年人不同。儿童被试的灾难性结局不大可能与死亡和发疯有关，更多的是与在社交中受到排挤以及遭受身体伤害有关。有更进一步的研究利用这个过程对儿童提出的灾难性结局进行了探究，这些将在第 2 章进行介绍。

灾难化访谈的优势在于，它是一种在研究环境内进行的标准化方式，能够以更鲜活的方式对焦虑进行评估，而不是仅仅简单地让孩子汇报他们担忧的事情。与自我报告的方法相比，该方法可以挖掘出不同的思维过程，又因其具有标准化的特征，所以可以在被试中以一种更普适的方式得以使用。然而特纳和威尔逊认为，从对儿童的灾难化访谈的定性评估中可以看出，这并不能完全模拟焦虑的真实过程。

关于测量儿童焦虑的结论

焦虑作为一个无法用肉眼观察的内部认知过程，对其进行测量是一个挑战，对儿童的焦虑来说更是如此。因为儿童的语言仍在发展之中，所以我们很难确定儿童所汇报焦虑中存在的语境和过程差异是由语言能力差异造成的，还是由于焦虑过程本身的真正差异所造成的。此外，要求儿童报告或谈论他们的焦虑，可能会打断焦虑过程本身。如果只是要求儿童表现得"像他们平时那样焦虑"，那么就不清楚不同儿童的焦虑过程或经历是否存在相似之处。未来的研究也许能够开发出隐性的焦虑测量方法，这些方法可能是为了评估基于恐惧的焦虑而开发的，如内隐联想测验（implicit association test，IAT）[①]，或者可能用于更自然地测试与儿童焦虑有关的假说。还有一个明确的观点，即对儿童焦虑展开进一步的定性研究是十分必要的，这可以对产生焦虑体验的语境和意义进行描述，以深化我们对这种体验的理解。

---

① 以反应时为指标，通过一种计算机化的分类任务来测量两类词（概念词与属性词）之间的自动化联系的紧密程度，继而对个体的内隐态度（对某现象存在的无意识内在联结）等内隐社会认知进行测量。——译者注

第 2 章
儿童的焦虑及发展

UNDERSTANDING
CHILDREN'S
WORRY

第 2 章　儿童的焦虑及发展

发展语境下的焦虑

在上一章，我们探讨了焦虑的概念，以及焦虑在成年人和儿童身上的定义。目前对于儿童焦虑的理解存在不少争议，其中一个批评的声音认为，现今对儿童焦虑的理解是基于对成年人焦虑的理解而形成的。正如瓦齐和达莱登早在 1994 年指出的那样：

> 虽然将基于成年人的模型应用于儿童时需要谨慎，但这样谨慎的应用可以为最初的研究工作提供重要启发。随着研究的进展，我们预计将有一个更符合儿童发展的儿童焦虑模型出现。

遗憾的是，这个模型还没有出现。将成年人的焦虑模型应用于儿童身上时，有可能会错过一些由于发展而可能存在的关键差异。如果我们对焦虑的不同方面进行探讨，就会发现其中有一些方面是在整个童年期间发生变化的，并且这些变化是以认知、语言、社会和情感发展为前提的。本章会对焦虑的这些不同方面进行回顾，并将对迄今为止帮助我们了解焦虑早期发展的研究进行介绍。

焦虑在童年期间的发展

在整个童年期间，儿童会出现一些生活上的变化和过渡标志。这些变化包括生理上的转变，如身高激增和青春期，以及社会身份上的过渡，如开始上学、进入中学，经历约会、交朋友或者友情破裂。除了可预测的过渡时期外，还有一些常见但更个体化和不可预测的转折点，如搬家、转学、患病和家中新添了弟弟妹妹。所有这些事件都会引发儿童的焦虑。不仅如此，儿童成长中的其他方面似乎也会影响儿童焦虑的内容。

人们很早就对焦虑在童年期间的变化产生了兴趣，可以溯源至最早的儿童焦虑研究。安杰利诺（Angelino）和谢德（Shedd）于1953年写道：

> 我们能够非常宽泛地指出，在儿童处于10岁、11岁和12岁时，他们多数的恐惧与动物有关。我们发现到了13岁时，他们的恐惧会转向与学校有关的内容。在15岁时，这些内容似乎让位于经济和政治兴趣，并在18岁前不断增加。

在60多年后的今天，他们的研究结果仍有现实意义，也很好地描述了儿童焦虑的内容随着时间而产生的变化。有不少研究已经对儿童焦虑的变化进行了研究，这些研究使用了各种各样的方法来确定这些变化，详见第1章中对这些研究的回顾。例如，布朗（Brown）等人在 2006 年的研究中使用了在试点实验中发展而成的焦虑清单，并要求儿童对其中项目的频率和强度进行评分。其他研究则使用了半结构化的访谈，将开放式问题与关于具体焦虑的结构化提示相结合。只有少数研究使用与焦虑或焦虑过程有关的正式问卷来观察焦虑在成长过程中的变化。从这些研究提供的一些证据来看，在儿童 10 岁前焦虑的频率是不断增加的，然后出现下降；但焦虑的强度在童年中期会减弱较多，之后才会增强。但是这些证据并不够充分，再加上由于方法、受访者和年龄范围的差异，也难以有力地支持焦虑频率和强度会随着成长而变化的观点。

但有一点可以明确的是，正如安杰利诺和谢德所说，儿童焦虑的内容会随着时间的推移而改变。在年幼儿童中，主要的焦虑和主要的恐惧一样，都是与身体有关且直接的体验，这些包括对动物、与父母分离和受欺凌的担忧。年龄大些时，儿童会对学校、健康、外貌和个人受到的伤害产生更多的担心，而只有年龄较大的少年会忧心社会弊病。

随着焦虑内容的变化，儿童描述焦虑的能力也有了更进一步的发展。事实上，鉴于语言水平和内省能力在整个童年时期的发展，几乎难以确定到底是焦虑的经验发生了变化，还是谈论焦虑的能力发生了变化。此外，由于焦虑被定义为主要借由语言表达，因此，我们也很难确定焦虑在童年的变化是否与语言和认知能力的提高有关。这两个能力的增强将促进思考能力的提升，进而儿童会开始对不同的话题感到忧心忡忡。我们也难以确定焦虑的变化是否能反映儿童对世界有了更丰富的体验和更多的经验。考虑到我们对焦虑儿童所采取的干预措施多为口头形式，因此探索语言发展和焦虑发展之间的相互关系可能具有重要意义。当我们研究焦虑的组成以及焦虑过程的发展变化时，这可以帮助我们了解成年人的焦虑模式是否真的有助于我们理解儿童的焦虑。

影响儿童焦虑内容的另一个因素是文化背景。一些研究认为，不同文化背景下的儿童的确会表现出不一样的焦虑症状，差异主要体现在：哪些焦虑症最普遍，哪些恐惧最常被报告，以及有哪些更广泛的焦虑症状被报告。这些差异可以代表焦虑体验的不同方面。不同症状的报告，甚至体验，都可能受到所处社会环境对这些症状的期许的影响。例如，根据瓦雷拉（Varela）和汉斯莱-马洛尼（Hensley-Maloney）在2009年的研究，在一些家庭和社会环境中，躯体症状比情绪症状更能为社会所接受。个人焦虑的普遍性也可能反映的是儿童个体的经历。如果你生活在贫困中，无法获得食物和住所，那么你可能为填饱肚子和人身安全而发愁；而如果你很富有，且生活环境安逸，那么你更可能为友谊、学校和成就而烦恼。但真实情况似乎是，在不同文化背景下，个人之间的差异比文化之间的差异更大。此外，这些焦虑的内容似乎还没严重到足以成为一个问题。在第4章中，我们将进一步地回顾跨文化差异中所涉及的问题性焦虑的机制。

焦虑的组成

正如我们在上一章中所提到的，焦虑涉及了许多不同的心理过程。焦虑意味着对未来的忧虑，这需要儿童能预测和考虑未来，并且对假设的情况进行思考。焦虑是反复的，这需要儿童能够对某种情况进行再三的考量。这些过程可能涉及持续不断的专注能力，也可能涉及思考复杂情况的能力，在这种情况下就有可能出现想法的迭代。焦虑还涉及了问题解决，或者也可以被视为解决问题的方式，且更多时候是对社交问题的解决。这种解决社交问题的能力在整个童年期间都会出现，其中还包含了社交和情感技能，以及认知和语言能力。问题性的焦虑则涉及灾难化思维，这则需要更复杂的认知和语言技能。

当焦虑被细分为不同组成部分时，显然都会牵涉发展的所有方面：从认知和语言发展，再到情感和社交能力发展。本章将对这四个组成部分进行重点讨论，探讨我们对这四个部分在童年和青少年时期发展的理解，然后将它们与我们对焦虑发展的认识联系起来。

未来思维

对未来的思考被描述为人类认知过程中最重要的环节之一，一些研究者认为正是这一环节将人类与其他物种区分开来。不论未来思维是显性的还是隐性的，正是这种思维给了我们为自己的未来进行准备和规划的能力。因此，焦虑可以被看作一种未来思维，即焦虑是在为未来可能出现的负面或灾难性后果做准备和计划。未来思维是焦虑的基本组成之一。虽然你也可能为过去的事情担心，但那些往事对未来可能产生的影响往往才是更令人焦虑的。根据赛格斯特伦（Segerstrom）等人的研究，焦虑中对未来的关注可能是区分焦虑和反刍思维（rumination）①的因素之一。这样一来，焦虑中对未来的关注就会涉及复杂的认知过程，包括我们需要将自己置身于可能出现的未来情况中去思考的过程。

已经有许多研究探讨了儿童思考未来的能力或在精神上进行时间旅行的能力。例如，萨德多夫（Suddendorf）要求三岁和四岁的儿童说出他们明天会做的事情，然后他们的父母需要评价这些事件是否可能发生。结果发现，四岁的儿童几乎总是提出现实中有可能发生的事件，但在四岁之前这种能力较为不可靠。在三至四岁这个年龄段的儿童中，有相当数量的儿童无法谈论自己明

---

① 反刍思维是指个体经历了负面事件后，对事件、自身消极情绪状态及其可能产生的原因和后果进行的反复、被动的思考。——译者注

天要做的事情。在一个稍显不同的实验范式中,阿坦塞(Atance)和奥尼尔(O'Neill)为儿童们提供了一些"通往未来的旅行"中需要携带物品的选项。儿童需要从一系列想要的和有用的选项中进行选择,然后证明他们的选择是正确的。基于儿童如何证明自己的选择是正确的,研究人员就可以判断儿童是否在为未来问题考虑。他们发现,约有40%~50%的三岁儿童能够使用与未来有关的语言来证明他们的选择。阿坦塞和梅尔佐夫(Meltzoff)在此基础上,向三至五岁的儿童提出一个可能发生的未来事件,而该事件需要一个具体的物品。例如,在一个涉及下雪的场景提示中,儿童可以选择的物品包括冬衣、游泳手臂圈或毛巾。在所有参与的儿童中,能选择正确物品的比例都高于随机选择,但四岁和五岁儿童的正确率接近最高水平,分别为91%和97%。在使用未来语言来证明选择的正确性时,不同年龄段之间的差异更加明显,分别有35%的三岁儿童、62%的四岁儿童和71%的五岁儿童在解释理由时使用了未来状态的语言。我们使用了一个不同的场景——一个充满昆虫的热带温室,对这一发现进行了再次验证。我们又一次发现,与使用未来式、不确定的语言来论证理由相比,儿童能够正确选择适当物品的次数更多。这种使用未来式、不确定的语言为自己找理由的能力与年龄有关,但与口头表达能力无关(见图2-1)。

图 2–1　思考未来任务中使用的道具

凭借语言来确定是否具有未来思维具有一定的局限性，特别是当这些未来思维的能力发展时，儿童的语言能力同时也处在一个基础但快速发展的阶段。因此，其他一些实验范式并没有依靠语言进行研究。例如，萨德多夫、尼尔森（Nielsen）和凡·格伦（von Gehlen）在第一个房间向参与实验的孩子们展示了一个因部件不全而未完成的拼图。然后他们带孩子们到第二个房间进行不同的任务。在第二个房间内有完成拼图所需的部件，还有另外一些孩子想要的东西。当离开这第二个房间时，孩子们被要求选择一个他们想带回第一个房间的物品。这样做的缘由是，那些考虑到未来的孩子会选择完成拼图所需的部件，而那些没有考虑未来的孩子则会选择自己更想要的物品。三岁的儿童会在偶然的情况下选择所需的物品，四岁的儿童则会选择能帮他们解决问题的物品。

第 2 章 儿童的焦虑及发展

相关机构针对儿童对未来的思考展开了一个方向不同的研究，即"反事实思维"（counterfactual thinking）。焦虑通常被视为对未来的假设性思考，而反事实思维指的则是未来事件发生的可能性与目前正发生或已知的事件之间相矛盾的情况。因此，如果焦虑是在问"如果有……"，那么反事实思维就是在问"要是没……"。换言之，如果说焦虑是在问"假如某事发生怎么办"，那么反事实思维所问的就是"假如某事没有发生会怎么样"。

> 艾丽斯对自己的考试成绩非常失望。她担心这是否会影响到她未来的选择和职业规划。不一会儿，她就开始想："要是我当时更努力地学习该多好，要是我把考卷上的题都答对了该多好，要是我在考试那天早上吃顿合适的早餐该多好。"

贝克（Beck）等人就儿童在什么年龄开始进行反事实思考这一问题存在不同的意见，这引发了与假设性未来思维有关的辩论。有一些证据表明，一定程度的反事实思维约在儿童三岁时就出现了。但另一些研究者则认为出现的时间稍晚，要从四岁才开始。如同假设性未来思维一样，反事实思维出现后，其发展的确会贯穿从整个童年到青少年时期，同时也体现了更大的复杂性和抽象思考能力。

由此说明，虽然思考未来的能力确实早在四五岁就开始出现，但也会受到所思考任务性质的显著影响。此外，另一个有趣的问题不再是考虑儿童何时发展这种心理上进行时间之旅的能力，而是考虑什么情况下会出现。阿坦塞和梅尔佐夫发现，儿童当前的状态会对他们预测未来需求的能力产生很大的影响。他们将48名年龄为三岁、四岁和五岁的儿童随机分为四组：两组在任务期间会得到大量的椒盐脆卷饼，另外两组则没有。然后，孩子们被要求说出自己想要的物品：是椒盐脆卷饼还是水。相同条件下的两组中，一组孩子需要回答当下需要什么食物，另一组则需要回答自己想为第二天选取什么食物以完成不同的任务。那些吃了椒盐脆卷饼的孩子报告说，无论是针对当下的选择或是为第二天做的准备，他们都想喝水。这一现象在不同年龄段的人群身上都得到了验证。我们发现，即使是成年人在为未来打算时，也难以克服当下的情绪感受。此外，情绪效价（emotion valence）[①]也会对成年人和儿童的自发性反事实思维产生影响。

这对儿童自我报告的担忧和更普遍的焦虑都有重要意义。许多临床医生都有这样的经历：儿童在诊室里否认自己有焦虑的问题，还能极具说服力地向医生汇报说自己敢抚摸小狗，或是愿意去学校，或是能在自己的床上睡觉。不仅如此，还有许多实验发现，在来自父母或临床医生的报告中都能看到明显的情绪改变，而儿童的自我报告里变化则要小得多，且往往不明显。与其下结论说儿童无法好好地回答问题，我们也许需要考虑的是，幼儿在自我报告时会

---

① 分为正性的和负性的情绪，即对情绪属性的自我评估。——译者注

比年长些的儿童或成年人更容易受到当前感受和精神状态的影响。我们还需要明白，当幼儿自我报告说"事情还可以，以后也没问题"时，恰恰说明了能力上易受影响的这一局限性。

13岁的菲莉帕刚刚开始接受治疗，但她已经有七个月没有进学校了。在学校里她遭受了严重的欺凌，因此在暑假后就再也没返校。每天早上，菲莉帕的父母都试着鼓励她返回学校，但她每次都会哭泣、喊叫，有时还会呕吐。她的父母几乎快放弃了，学校也想知道她什么时候会回来学习。

经过评估，治疗师认为认知行为疗法会对菲莉帕有所帮助。因此，治疗师和她坐下来共同为治疗目标制订计划。谈话中，菲莉帕明确地表示想要回学校上课，她想有好的表现，找到好的工作，而且她也想念自己的朋友。据此治疗师制定了一份活动的等级次序，其中"重返学校"在最高层，意味着最终目的；而"想着进入学校大门"在最底部，意味着这是最初步骤。

在治疗中，菲莉帕能够忍受想着进入学校所带来的焦虑。她还发现在思考这件事时，焦虑值也降至较低水平。这给了她极大的信心，于是她告诉治疗师，自己已经准备好返回学校了。她说她想直接跳到等级次序的最后一步，在星期一时回到学校。此时，治疗师与她谈起了一个事实：从夏天前她就再也没有进过学校。但菲莉帕对此不以为然，并说她已经准备好了，她觉得自己有足够的力量和勇气来做这件事。尽管治疗师的建议是这似乎不大可能，但她信誓旦旦地告诉父母马上就可以返校了。

结果星期一时，菲莉帕仍然无法让自己返校。当她回来接受治疗时，仍带着不安和失望的情绪。

我们通过一系列研究对这些发现进行了扩充，以探索与未来思维相关的一些额外问题。在这些研究中，我们招募了65名5~6岁的儿童，55名7~9岁的儿童，以及60名14~15岁的少年。他们接受了阿坦塞和梅尔佐夫的旅行任务测试，并接受了针对语言能力、焦虑和担忧的评估。在每个年龄组中，有一半的儿童会被随机分配到会诱发消极情绪的条件下。该条件下将播放缓慢的伤感音乐，灯光被调暗，研究人员也使用低沉的声音说话。据预测，儿童被试可能会选择更舒适的旅行方式，而那些处在消极情绪条件下的儿童被试则可能会受到悲伤情绪的影响，进而在陈述自己理由时会更关注当下的因素。但由于情绪操纵在每个年龄组的作用不同，结果显得很复杂。在最小的年龄组中，情绪操纵根本不起作用。研究人员报告说，5~6岁的儿童的确会在悲伤的背景音乐中保持安静，但只要研究人员事后与他们交谈，儿童的情绪就会立刻好起来。而对于7~9岁的年龄组来说，情绪诱导是奏效的，但较为短暂；对于年龄最大的组别来说，情绪诱导不仅成功，还持续了整个实验过程。但实验结果发现，情绪诱导并没有影响到任何年龄组的选择，或者成为选择的理由。在进一步的检查中出现了一些微妙的差异。在年龄较小的组别中借由英国图片词汇量表（BPVS）测量发现，儿童的口头表达能力对理由的表述有所影响，一些模糊的术语及对未来的描述都与较高的词汇量有关。为了进一步探讨情绪的作用，我们对14~16岁年龄组别做出选择所需的时间进行了研究，我们的假设是反刍思维或者对做选择的焦虑可能会导致选择时间更长。我们也对7~9岁年龄组别解释选择理由时的词汇数量做了研究，假设持续不停地说话可以增加所使用词汇的数量。我们无法找到证据来证明消极情绪会延长选择旅行物品的时间，但是我们确实在7~9岁的儿童身上看到了一些证据，表明情绪低落的儿童会使用更多的词来解释自己的选择，这也能在某种程度上视为言语上的持续表达。此外，当按组别划分进行评估时，只有在中性的情绪组中才能发现词汇技能与未来式或含糊词汇之间的关联。这说明当儿童情绪低落时，除语言能力之外的其他因素也会对回答产生影响。

与这一发现相呼应的是，梅伊（Mahy）等人于2014年对归因时的"热""冷"处理过程进行了重要的区分。他们认为，在思考未来时，如果需要抑制当前情绪或生理状态，可能需要更多的"热"处理；而一般普遍性地思考未来则不需要[①]。他们发现，在

---

① 此处的"冷""热"可以借由"冷认知"（cold recognition）和"热认知"（hot recognition）的概念进行理解，热认知是一种关于动机推理的假设，其中一个人的思维受其情绪状态的影响；相反，冷认知意味着信息认知处理的过程独立于情感之外。——译者注

"冷"处理的条件下，七岁儿童的表现优于三岁儿童，但在"热"处理条件下，情况并非如此。为了充分确定思考未来的能力是否会受到情绪的影响，我们必须设计一个条件，使未来的事件与当前的情绪相互冲突，也许是设计与对积极事件或结果的期待存在冲突的事件。

在思考未来的时候，我们可能还需要更广泛地考虑儿童记忆的组织。瓦齐认为，儿童没有使焦虑扩散所需的记忆组织结构，因此对情景和语境的依赖性可能是理解他们压力和焦虑的关键点。

> 三岁时，凯和父母一起去度假。她对旅行早已习惯，在一岁生日时她就搬过家。她通常是个快乐的旅行者，但这次在机场她并不高兴。她的父母将较大的行李进行了托运，机场工作人员询问他们是否遵守了关于手提行李的规定，他们给了肯定的答案。然后他们提醒凯，稍后必须将心爱的木头小熊放进扫描仪进行安检，凯看起来忧心忡忡。母亲问她怎么了，但凯说不出个所以然来。母亲进而问她是否因为要将木头小熊放进扫描仪而感觉担心，她回答"是的"。母亲想知道凯觉得会发生什么事情，但凯只是摇摇头，说她不知道。当走到安检处时，凯很不情愿地把木头小熊交了出来，放进托盘里接受扫描。她看起来非常不安和担心。她的母亲再次询问她在为什么事情而担心，凯又摇了摇头。当被问到是不是觉得木头小熊会在机器里迷路时，凯睁大了眼睛，眼里噙着泪，点了点头。母亲花了

几分钟的时间安抚她并将木头小熊取了回来，事情这才得到解决。

拉加蒂塔（Lagattuta）等人对儿童进行了一系列研究，来探索他们在考虑未来时使用过去信息的倾向，又被称作"生活历史心智理论"。所有研究都表明，无论采取什么样的方式进行评估，一些年仅四岁的孩子就都能利用生活中发生过的历史信息去思考未来；而随着年龄增长，使用这种信息的儿童数量会越来越多。这其中就包括使用过去的信息来预测未来的情绪，预测未来的焦虑和行为，以及在思考未来时使用对不确定性进行的评估和语言。这些研究表明，一般与年龄有关的发展和执行功能（executive functioning，EF）都会影响儿童利用过去的信息预测未来的能力，而儿童的言语能力会对他们谈论未来时所使用的语言有所影响。这些研究也揭示了未来思维的微妙之处。除了各个年龄段的差异外，还有一些细小的性别差异：女孩被试比男孩被试使用更多对不确定性进行的评估和模糊语言。有一些证据表明，年龄较小的儿童需要在过去信息和预测未来的情景中有共同的确切细节，才能根据过去预测未来。然而，拉加蒂塔发现年龄较大的儿童却能够使用相似而非完全相同的过去信息来预测未来。在各个年龄段中，如果儿童当下的情绪和先前预测的情绪相反，例如过去预测现在会产生消极情绪，但当下处于积极情绪中，那么对未来的预测就会受到过去影响，一般来说更容易预测消极情绪的出现，这就能够帮助我们更全面地理解未来的某些行为和情绪。最后，还存在一个近因效应（recency effect），指预测未来时，最近发生、刚刚过去的行为会比历史行为产生更大的影响。

这些研究表明，哪怕是非常年幼的儿童也有可能利用过去的事件来思考未来，但是这种情况能否自发地出现，则可能会受到某些个体和环境因素的影响。一名儿童如果具有更好的语言和认知能力，或者执行功能尤为突出的话，也许更有可能使用过去的信息来思考未来。此外，假如当前的情绪和对未来情绪的预测不匹配，可能比二者匹配的情况更能促进未来思维的出现。鉴于焦虑对于执行功能的影响，我们也可以预测当儿童焦虑时，他们准确思考未来的能力可能会受到损害，因为他们可能会急于对可能发生的事情做出更确切的判断。

尽管未来思维对于理解儿童的焦虑十分重要，但我们才刚开始确定一些会影响这种关系的参数，有关个体差异对焦虑的影响、焦虑对思考未来能力的影响的理解也才刚刚起步。但有一点可以明确的是，儿童的确早在四岁时就具备了思考未来和讨论未来可能发生事件的基本能力，哪怕这可能不是自发的，且在某些方面存在不足。这样看来，如果无法证明更早的年纪就具有这种能力，那么儿童至少从四岁起就应该具备了为未来可能出现的结果而焦虑担忧的能力。

第 2 章　儿童的焦虑及发展

问题解决

另一系列相关的文献则是关于问题解决的研究。在第 1 章中，我们回顾了关于焦虑和问题解决之间关系的研究，但发展心理学文献能否帮我们通过了解问题解决的发展来理解焦虑的发展呢？

从发展的角度来看，基恩（Keen）认为儿童似乎在生命的早期就开始解决问题。从婴儿期开始，婴儿似乎就开始探索他们的环境，试图解决环境中出现的问题。从六个月大开始，婴儿就表现出简单的问题解决能力，例如将一个物体放在另一只手上，以腾出所需要使用的那只手。洛克曼（Lockman）发现，婴儿从九个月起就会操作物体，虽然用法未必和物品原本的设计目的相符，却能达到不同的目的。例如，婴儿会用玩具推动或击打其他物品；当他们能够走路时，可能会将玩具厨房的家具当作梯子，来帮他们够着高处的置物架。我们也有证据表明，儿童在生命的早期阶段就开始使用社会问题解决方法。社会性参照（social referencing）被认为是社会问题解决的最早形式之一，即婴儿根据父母或照顾者的情感反应来确定有关情况的安全性。在不确定的情况下，婴儿要想了解情况是否安全，具备使用可信赖照顾者给出的非语言信息的能力十分重要。随着儿童年龄的增长，他们可能会借由观察他人来了解环境。在斯梅塔娜（Smetana）的经典研究中，她描述了儿童是如何通过在托儿所和学前教育的环境中进行游戏来发展他们与其他儿童的社会秩序的。同样地,邓恩(Dunn)也系统地观察和描述了学前儿童之间的言语交流和互动,这些互动作为证据很好地证明了即使是年幼的儿童也展现出了社会问题解决的能力。

一般的问题解决和更具体的社会问题解决都会在整个童年时期持续发展(见图 2–2)。随着儿童能更好地理解他人的意图,提出更多解决人际交往问题的策略,并发展出执行这些策略的技能,他们就能进一步提高成功解决问题的能力。布莱克莫尔(Blakemore)2018 年的研究发现,到了青春期,大多数年轻人都能成功地协商复杂的社会关系,应对此时出现的浪漫或亲密关系,并发展进入成年的身份认同。事实上,有人认为青春期时社会关系的重要性会上升,这可以从大脑结构和功能中看出来。

图 2–2 互相学习:社会问题解决的行动

第 2 章 儿童的焦虑及发展

一些不同的过程会同时发挥作用,以确保这些社会问题解决能力得以顺利地发展。莱斯利(Leslie)等研究者强调了人走向成熟的简单过程,即大脑结构和功能的发展使更复杂的信息处理和行为得以实现。这些也可以透过进化的视角进行解释,如同贝尔斯基(Belsky)、斯坦伯格(Steinberg)和德雷珀(Draper)所强调的,人类有机体在不同生命阶段有着不同的关键目标。早期生命阶段的目标旨在了解自身需求在何时以及如何得到满足。早期的重点是生存,并逐渐发展为对资源可利用性和可预测性更广泛的理解。这些宽泛的目标决定了各种复杂的行为。要想更细致地理解社会问题解决的机制,班杜拉(Bandura)认为可能需要参考行为或社会学习模型。这些学习模型提出,要想了解我们的许多行为,我们不光可以对自己的行为进行差异强化(differential enforcement)[①],例如通过友好的行为增加被邀请加入玩耍的机会,或者因为大声喧哗而遭受拒绝,更是可以通过观察他人来学习。正如班杜拉所指出的,"如果人们只能依靠自己行为的效果来提示自己该怎么做,那么学习将是非常费力的,更别提其中的风险了。"

韦尔(Weil)等人认为,社会问题解决能力的发展和进步可能与元认知能力的发展有关,而根据勒贝尔斯(Roebers)的研究,

---

① 又叫"分化性强化",是操作条件反射实验的强化方式之一。指根据强化原理,在个体多种反应倾向中选择一种目标反应予以强化,使该反应与强化物建立联系,提高其发生概率的实验程序。——译者注

元认知能力又与执行功能的发展有关。似乎所有这些功能主要都涉及前额叶皮层。这是发展较晚的大脑区域之一，在童年和整个青春期都会发生重大变化。它也是涉及广泛性焦虑症的一个区域，这说明问题性焦虑和社会问题解决的缺陷之间存在着一定的联系。

最后，了解个体差异对这些过程产生的影响也具有重要意义。例如，在休斯对学龄前儿童的社会互动的研究中，她发现社会问题解决的能力与其他认知能力，如执行功能和心智理论的发展之间有很强的关联。即使我们是通过自身经验和观察他人来学习自己的社会行为，该过程也会受到个人认知能力的影响。

> 戴维生来就有严重的学习障碍，在八岁时还没有开口说话。但他使用了不同的方式进行交流。在他的原生家庭中有很多孩子，还有许多粗暴的玩耍游戏，有时甚至会演变为攻击行为。在一次由老师领队的学校旅行中，戴维很想引起老师的注意，于是开始捏老师的手臂。由于他处于安全情况，且没有给老师造成疼痛，所以老师没有理会他。接着戴维便试图拉扯老师的手臂，并开始打老师。同样地，老师没有回应这种行为。暂停一会儿以后，戴维试着轻轻地挠老师，并发出温柔的声音。戴维已经观察过其他孩子是如何获得关注的，所以他先尝试的是家中孩子行之有效的较粗暴的方式，得不到回应后进而尝试其他孩子使用过的策略。

第 2 章 儿童的焦虑及发展

许多与社会问题解决相关的文献都将关注点放在其过程出错的时候。问题解决的缺陷与负面结果之间存在着强有力的联系，负面结果包括：同伴关系中遇到困难、表现出攻击性、出现焦虑和抑郁等不健康心理状态、试图自我伤害及自杀。这些不同的结果会相互影响，例如具有攻击性的儿童也面临着糟糕的同伴关系和不良的心理健康，而自我伤害的年轻人也表现出较差的同伴关系。但是这些研究没有说明这些结果的影响方向是什么，是由哪个结果影响了另一个结果。不少研究表明，糟糕的问题解决方式会导致糟糕的结果，但鲜有研究将问题解决作为一种结果进行探讨。鉴于成功解决问题需要认知能力，这种能力可以预期任何像焦虑或反刍思维等可能占用认知能力的心理困难，而这些困难可能会影响问题的解决。格雷罗（Guerreiro）等人也提倡进行更多精心设计的纵向研究，以便我们能进一步地探索这些机制之间的相互作用。

从与问题解决有关的发展心理学文献中可以看出，问题解决的确在很早的阶段就出现了，在其发展过程中可能涉及了纯粹的成熟、社会学习和互惠强化等在内的因素。此外，个体差异也将影响儿童在各种各样的情况下解决问题的能力。问题解决的缺陷很有可能会导致儿童经历各种不同的负面结果，但也可能在与其他过程（如同伴关系的发展）发生相互作用时调节或缓和这些负面结果。尽管如此，糟糕的问题解决方式仍与同伴关系、行为和心理健康方面的困难息息相关。因此，如果焦虑作为一种糟糕的问题解决方式，那么依靠焦虑来解决问题反而可能给儿童带来更多的麻烦。在第1章中表明，焦虑儿童的问题确实可能不在于具有问题解决的缺陷，而在于对自己解决问题的能力信心不足。透过对问题解决理论进行探索，有助于我们解释信心不足的成因，以及了解焦虑可能对青少年长期的负面结果产生怎样的影响。

执行功能

通过研究未来思维和问题解决，可以看出儿童的认知能力对于拓宽我们对焦虑发展的理解十分重要。认知能力中有几个关键方面可以帮助我们理解焦虑，这些方面指的是焦虑中那些使我们能够保持注意力、反思自己经验的部分，以及通过遵循逻辑思维过程来进行迭代思维的能力。这些认知能力中的许多部分都属于执行功能的范畴。

如同许多认知能力一样，执行功能似乎在整个童年时期都在发展。不同的研究者将执行功能划分为不同的组成部分，但普遍共识都认为抑制、工作记忆和认知灵活性是执行功能的关键组成部分。我们知道这些功能都是在整个童年时期发展的，其中基本的工作记忆是最先成熟的，而抑制力中的特定方面则是最晚成熟的。有大量文献介绍了焦虑和执行功能之间的关系，这些文献对艾森克的注意控制理论（attentional control theory）进行了测试和发展。这一理论和支持这一理论的大量经验性工作都认为焦虑会损害执行功能。这种现象在成年人、儿童群体,以及缺乏典型神经发育的人群中都能看见。

然而,将这些组成部分与焦虑相联系的研究却少得多,我们也许可以借鉴成年人的焦虑模型来探索其中的关联。对于焦虑中包含的执行功能,科莉特·赫希(Colette Hirsch)及其同事开发并测试了其中的一个关键模型。赫希和马修斯(Mathews)在 2012 年详细地介绍了一个成人焦虑的认知模型,该研究大量借鉴了认知心理学的内容,并且得到了丰富的临床经验的驱动。他们认为,不论是控制或自愿的注意过程,还是非控制或非自愿的注意过程,都促成了对威胁进行表现和描述的行为。这些注意过程可以被视为更广泛的执行功能结构的一部分。根据该模型,如果一个人无法忽视或否定威胁的负面表征,那么自上而下的、受控的注意过程就会被分配到处理威胁上,这将不可避免地导致长期的焦虑。这一模型是建立在与焦虑者的认知偏差有关的证据上的。这些偏差包括对威胁的注意,例如焦虑者更有可能注意到所处环境中的威胁,也更有可能难以从对威胁的思考中脱离出来。对焦虑的成年人和儿童的研究表明,焦虑始终与对威胁的注意力偏差有关。此外,这些带有偏差的注意过程与成年人的担忧情绪以及广泛性焦虑症尤为相关,但表明其与儿童的担忧情绪以及广泛性焦虑症之间关联性的证据却较少。沃特斯(Waters)、布拉德利(Bradley)和莫格(Mogg)还发现,有证据表明患有广泛性焦虑症的年轻人对威胁的注意力会增加。赫希和马修斯还提出了对广泛性焦虑症"解释偏差"的观点,即焦虑者更有可能将某种情况解释为威胁。这些解释偏差在患有广泛性焦虑症和具有高焦虑水平的成年人和年轻人中都可以看到。

这样看来,认知偏差与儿童的焦虑和担忧也有关系,但这些和执行功能之间又有什么样更广泛的关联呢?赫希和马修斯描述了一个关于焦虑的悖论,即焦虑本身会减弱我们对注意力的控制能力。对威胁的注意以及对威胁进行消极解读所产生的影响更是会消耗我们的注意过程,但这个过程可能与儿童焦虑密切相关。在年幼儿童中,注意力控制才刚刚开始发展,因此注意力控制和焦虑之间可能存在双向关系。那些刚刚发展出注意力控制能力或该能力较弱的儿童,可能会在抑制焦虑情绪上遇到困难。此外,更容易焦虑的儿童可能会因为焦虑而导致注意力控制能力受损。注意力控制能力似乎确实与儿童的焦虑高度相关,并可能在预测更高的焦虑水平时与元认知相互作用,但关于影响作用方向的证据较少。

热罗尼米(Geronimi)及其同事利用父母对其子女执行功能的报告,探讨了7~12岁儿童的焦虑和执行功能之间的联系。在受测量的执行功能的不同方面发现,较高的焦虑水平都与更加困难的执行功能有关。然而,年龄对其中一些方面起到了调节作用。在工作记忆、计划和调节功能方面,较年幼儿童的执行功能和焦虑之间

第 2 章　儿童的焦虑及发展

有着更强的关系,这表明随着儿童年龄的增长,执行功能对其焦虑行为和焦虑倾向的影响也会减少。这点与焦虑的认知模型相符合,即焦虑会随着时间推移经常出现,从而为人所熟悉。因此赫希和马修斯认为,随着年纪增长,处理焦虑的认知能力也不再需要如同年幼不熟悉认知过程的时候那样复杂。

执行功能也可能通过改变儿童使用过去信息预测未来的方式,从而影响儿童的焦虑。在一系列针对 4～10 岁儿童的实验中,拉加蒂塔及其同事已经证明,不仅儿童从过去事件预测未来的能力会随着时间推移而发展(见前面的讨论),而且执行功能也会影响这种关系。具有更好执行功能的儿童似乎能够更好地使用过去信息或当前的模糊信息来预测未来的事件和情绪。因此,我们可以预计执行功能、年龄和焦虑之间存在复杂关系。在年幼儿童中,这种使用过去事件预测未来的能力可能会增加焦虑水平,这点在那些幼年时生活艰难的儿童身上尤为明显。然而,对于年龄较大的儿童来说,执行功能却可能保护他们免受问题性焦虑的困扰。原因在于执行功能允许儿童有更多的机会接触可能出现的非负面或非灾难性的未来。但是现实情况可能比这个更复杂。因为除了年龄之外,气质因素也会影焦虑与执行功能之间的关系。格拉姆兹洛(Gramszlo)和伍德拉夫 - 博登在 2015 年发现,在 7～10 岁儿童中,那些难以安抚的儿童自我报告的焦虑水平更高,但这两者的关系将完全受到父母所汇报的执行功能中的注意力与情绪控制能力的影响。

61

进一步探索执行功能的不同方面（特别是注意力控制）与焦虑的关系是有必要的，这有助于进一步界定年龄和认知发展的其他方面对于这两者之间关系的影响。为了确定某些类型的儿童是否特别容易焦虑，以及成年人焦虑维持的认知模型是否同样适合较年轻的人群，我们就需要确定注意力控制是否会增加焦虑，或者焦虑的增加是否会降低注意力控制能力，或者两者情况都有。

灾难化思维

达韦和威尔逊都认为病态焦虑中的一个关键过程就是灾难化。这是一个过程，当人们问自己"如果"时，焦虑的反复性会导致越来越多的潜在负面结果出现。灾难化是区分问题性焦虑和非问题性焦虑的一个过程（见第4章）。达韦对成年人被试的一些研究发现，具有高焦虑特质的人会在灾难化访谈中产生更多的思维迭代步骤。灾难化访谈包括首先确定一个可能的焦虑情景，既可以要求受访者自己提出，也可以给受访者一个常见的、会引发许多人焦虑的情景；然后询问受访者这个情景或例子有什么不好之处。答案会被写下来，然后受访者会被继续追问认为它不好的原因。

访谈中，受访者得到的例子是"到一所新学校上学"。所以他们每个人都被问道："到新学校上学有什么坏处？"

玛丽的第一个答案是："我一个人也不认识。"

研究人员问:"一个人也不认识有什么坏处?"

玛丽回答说:"我可能会感到孤独。"

研究人员接着问:"孤独会有什么坏处?"

玛丽想了想,说:"我就会没有朋友。"

研究人员又问:"没有朋友会有什么坏处?"

"没有朋友就意味着我不想去上学。"玛丽很快地说道。

而"不想去上学"的坏处就是她"不会去上学",这将导致她得不到好的成绩,就会得到一份糟糕的工作,成年后会变得贫穷、悲伤和孤独。

相比之下,卢克对第一个问题的回答是"我可能不知道该坐在哪里?"当研究人员问他"不知道坐在哪里会有什么坏处"时,卢克回答说:"其实没什么坏处,我只要问一下老师就知道了。"

迄今为止,有几项研究都对儿童和青少年使用了灾难化访谈。在最早的研究中,瓦齐及其同事对76名5~12岁的儿童进行了灾难化访谈。在最小的年龄段(5~6岁),儿童在灾难化访谈中几乎难以产生多个思考步骤,但到了8~9岁的年龄段,他们可以产生大约四个思考和问答的步骤。瓦齐及其同事认为,语言能力可能会影响焦虑步骤的思考和提出,因为当他们控制答案中的字数时,年龄对焦虑步骤数量就不再有影响。2012年,奥斯莱格在9~11岁的孩子中直接测试了这一点。她发现,通过韦氏智力量表简表

（Weschler Abbreviated Scale of Intelligence，WASI）中的相似性分测验所测得的言语能力和言语流畅性都能预测灾难化访谈中焦虑的步骤数量。我们使用的韦氏智力量表简表的词汇分测验在 7~10 岁和 6~11 岁的孩子身上也有着同样的发现。在这些研究中，我们也重现了瓦齐关于焦虑步骤数量的结果：年龄较小的儿童平均产生三到四个焦虑步骤，但年龄较大的儿童则会产生七到八个。这种与言语能力的关系表明，灾难化访谈不一定会涉及焦虑过程，可能只是对言语能力的一种测试。在上述几个研究以及特纳和威尔逊 2010 年的研究中，产生的焦虑步骤与焦虑的测量之间没有关联，这一发现也支持了这一点。此外，奥斯莱格还发现，有证据表明针对 9~11 岁人群的访谈可能不是特别可靠，因为在两个连续进行的灾难化访谈之间步骤数量的相关性非常低。

要想理解焦虑，更相关的做法可能是分析所产生的焦虑内容，并且在结束访谈后采访被试。瓦齐、茨尔尼齐（Crnic）和卡特（Carter）发现，不同年龄段的儿童所报告的焦虑显示出的发展进程是可预测的：年龄较大的群体对于身体受伤害的焦虑减少，但在这个年龄段随之增多的是社交焦虑。由于其他研究所测试的儿童年龄范围要窄得多，所以无法显示出相同的模式；不过，不同的研究对焦虑步骤的不同方面进行了探讨。特纳和威尔逊探讨了被试在灾难化访谈中为什么会停止或为什么没有停止焦虑步骤的产出。在灾难化访谈中似乎有三种模式：（1）儿童很迅速地得出灾难性的结论；

（2）儿童最终会提出重复循环的负面结果，但并不具有太大的灾难性；（3）儿童经过几次阐述后，所陈述的结果最终会慢慢变得越来越灾难化。通常情况下，第三类人看起来更像是焦虑者，因为他们会产生大量的焦虑思维迭代。然而我们在临床上也可能会关注第一组的情况，因为事实上这一组也报告了高水平的焦虑。奥斯莱格还对内容进行了定性研究。她使用归纳式主题分析，对整个访谈中的反应模式进行了编码。焦虑被编码为标准焦虑、长期焦虑（关于长远未来）、循环反应和极端反应。在探索高焦虑水平者和低焦虑水平者的特征时，她发现长期焦虑在低焦虑水平组中更有可能出现，而循环（持续重复）反应和极端（灾难性）反应则会在高焦虑水平组中出现。

灾难性思维反应过程中的步骤数量可能更能反映的是儿童的言语能力，这与对成年人的研究有所不同。在成年人中，灾难性反应的步骤数量似乎与特质焦虑有着更为密切的联系。然而，在灾难化过程中很可能存在与特质焦虑相关的特殊过程，如持久性的模式和极端的思维终点。这些极端或灾难性的终点步骤可能发生得相对较快，使焦虑可以迅速结束，同时却带有较强烈的情绪；或者这些步骤可能发生得较慢，导致焦虑持续存在。

到目前为止，还没有研究对焦虑症儿童的灾难化模式进行过探讨。探讨这些模式是否与正常焦虑水平儿童身上的模式有所不同，将会十分有趣。研究某些灾难化模式是否会成为日后焦虑或情绪问题的风险因素，特别是探索某一特定模式是否会成为某些特定焦虑症的风险因素，这也是十分有意思的。

结论

通过回顾涉及多个领域的儿童发展文献，我们可以清楚地看到，虽然发展的某些方面的确会在儿童生命的某些时间点上出现显著变化，但是大多数复杂的发展在整个童年时期或多或少都在变化之中。随着儿童年龄的增长，这些变化使儿童更容易完成发展阶段的各项任务，能使用语言来为自己的反应做出解释，并且能够理解和处理更为复杂的问题。在这些能力中，有一些在青春期时就基本定型为成年人的形式，另一些则会持续发展直到进入成年期，甚至在成年后继续发展。

焦虑可以被视为是这些复杂现象中的一种，其发展轨迹从童年到成年期间也有着和上文所述相似的发展。当考虑到诸如焦虑思维链中的迭代思路、儿童焦虑的事件类型、使用语言表达焦虑的能力以及理解焦虑与恐惧的区别等因素时，这样的发展趋势就不足为奇了。这些发展过程的相似之处是显而易见的。由此我们也许可以得出一个结论：焦虑是人类认知中一个正常、不可避免的方面。一旦我们能够进行思维迭代，能够预测未来并考虑可能出现的结果，那

第 2 章 儿童的焦虑及发展

么我们就会时不时地陷入焦虑，这是不可避免的。那么，发展心理学是否能增进我们对焦虑的理解，以及帮助我们了解焦虑在童年到成年的发展过程呢？目前的文献并无法完全回答这个问题，但可以提出一些假设。也许我们可以通过了解发展心理学为研究儿童焦虑所提供的信息，从而发现那些可能导致儿童产生问题性焦虑风险的发展异常，这也能促使我们对不同的焦虑表现有更多的了解。

当前我们对儿童焦虑的定义是根据成人焦虑的定义改编的。研究儿童的成长发育，特别是探究某些延迟或提前的成长发育因素，可能有助于我们提出一个涵盖不同表现形式的焦虑定义。例如，不善言谈的人会有什么样的焦虑表现，或者顺着某一思路进行迭代思考时，又会有什么样的焦虑表现。

最后需要明白的是，焦虑的表现和经历可能受到成长发育阶段的影响，所以那些日常生活中受到焦虑困扰的人可能会采取不同或全新的手段进行干预。这对儿童而言也是如此，对其他发育异常的人群也一样，其中包括那些有特殊学习障碍或更全面的智力障碍、神经发育不良的人，或者是那些有后天脑损伤或认知退化的人。

第 3 章
儿童的焦虑与家庭

UNDERSTANDING
CHILDREN'S
WORRY

第 3 章 儿童的焦虑与家庭

不像看不见的忧虑情绪，焦虑会表现出各种特征和后果。当一个孩子焦虑时，你可能会看到他做出寻求安慰、回避当下情况或退缩的行为，以及做出诸如抓紧钟爱的物品或紧抓父母不放的安全行为[1]。如果焦虑达到了足够强烈的水平，还有可能出现身体上的焦虑反应，如出汗或发抖。焦虑导致的睡眠质量差和食欲变化等后遗症也是显而易见的。但是要发现或判定你的孩子正在为某事忧虑担心时，上述行为指标都不是必要条件。儿童正感到忧虑的最明显的迹象可能是让人觉得他们心不在焉，或者在有人提出要求或名字被呼唤时无法快速回应。但这些很容易被误解为儿童在无视你或者行为不端。这种不明显的特性更加凸显了理解焦虑中忧虑情绪的系统性的重要性。如果父母不能看到孩子内心的焦灼和担忧，那么他们如何能以具有同情心的和有效的方式来回应孩子，并帮他们解决或遏制焦虑情绪呢？本章讨论我们对家庭中焦虑的认识。因为仅仅关注焦虑中的忧虑因素的研究屈指可数，所以在研究焦虑的儿童时，对家庭中产生的忧虑因素展开进一步的假设非常重要。

---

[1] 指感到威胁时采取的用以减少焦虑和恐惧的行为。——译者注

焦虑的孩子：关于儿童青少年焦虑问题的心理研究

焦虑和忧虑在儿童和父母身上的一致性

通过对焦虑症的研究，我们知道焦虑症会在家族中遗传。这点也能在遗传研究中看到，即焦虑症具有相当高的遗传率，只是不像其他疾病那么高。在研究焦虑症父母的孩子是否也患上同样疾病的风险时，会发现遗传性；研究焦虑症儿童的父母中有多少人也患有焦虑症时，会有相同结果。

但是我们也明白，这些代际的连续性并不总是指向同一类型的焦虑。虽然儿童在某种程度上很有可能和父母患有相同的疾病或障碍；然而，焦虑症似乎也与更普遍的情绪症状有关，这就体现了一些异型连续性。因此，有人认为可能存在一个普遍性的因素，导致儿童和父母的焦虑症之间存在共同继承性。这种共同性可能是气质性的，或是像行为抑制①这样的生物遗传，但也可能是一些像烦恼、担忧这样的忧虑情绪。

有大量研究通过连续测量的方法对父母焦虑和儿童焦虑之间的一致性进行了探讨。使用自我报告的测量方法发现，儿童焦虑和父母焦虑之间通常只有中等或较低的关联性。二者焦虑之间的关联可能会由于所使用的测量方法不同而有所差异，因为鲜有测量方

---

① 指婴幼儿在面对新情景或陌生的成年人或同龄人时表现出的一种气质或反应方式，表现为退缩，回到熟悉的人身边，或离开事发地点。——译者注

第3章 儿童的焦虑与家庭

法同时具有为儿童和成年人设计的版本。这意味着许多研究必须使用不同的焦虑测量方法，而这些测量方法所关注和评估的可能是不同类型的焦虑或焦虑的不同方面。例如，贝克焦虑量表成人版（Back anxiety inventory，BAI）是临床实践中最为广泛使用的焦虑量表之一，但由于该量表侧重于评估焦虑的躯体症状，所以并不适合同时有多种疾病状况的人。一些测量儿童焦虑的量表，例如1998年的斯宾塞焦虑量表（Spence anxiety scale），具有很好的表面效度（face validity）[①]。但和那些较新的测量方法，如儿童焦虑和相关疾病筛查或多向度焦虑量表儿童版（multi-dimensional anxiety scale for children）相比时，斯宾塞焦虑量表在区分不同类型的焦虑或焦虑症时表现不佳。还有一个例外是修订版儿童焦虑表现量表，该量表为儿童提供了与成人相似的测量方式。该焦虑量表是为不同人群同时开发的，有儿童版、学生版、成人版和老年人版。据我们所知，使用修订版儿童焦虑表现量表和成人版焦虑表现量表来讨论父母及其孩子焦虑关联性的研究尚未发表。在我们进行的对父母及其6～12岁孩子的研究中，孩子焦虑和父亲焦虑的相关性高于和母亲焦虑的相关性，且两种相关性都较小。孩子焦虑和父亲焦虑的相关系数（r）为0.24，而和母亲焦虑的相关系数为-0.03。这也体现了父母的性别因素可能会对父母和孩子焦虑之间的一致性产生显

---

① 指被测者从表面上直观感觉看测验是否有效，测验题目与测验目的之间的相符程度。——译者注

著影响。许多与育儿有关的研究只着眼于母亲，或者哪怕同时招募了母亲和父亲进行研究，最终样本仍以母亲为主。尽管临床和理论研究对于父亲在儿童焦虑中的作用很有兴趣，但对母亲和父亲的焦虑进行区分的研究却相对较少，而我们认为进行区分是重要的。此外，在探究父母和孩子焦虑之间的一致性时，也缺乏对更广泛社会背景，如包括年龄、文化、社会经济地位和家庭组成在内的社会人口因素之间关系的讨论。

因此，虽然有不少针对孩子和父母之间焦虑一致性进行研究的文献，视角却是有限的，并且对于父母和孩子的忧虑情绪之间关联的研究也不多。在这些文献中，因为能得到广泛应用的测量方法太少，所以涉及测量方法的问题也较少。但是我们发现所找到的每项研究都使用了宾州忧虑问卷来测量父母忧虑和孩子忧虑之间的关联。正如第 1 章提到的，宾州忧虑问卷着重于评估忧虑的特征，而不是所担忧的内容。然而，考虑到我们对于焦虑发展过程的了解，预设儿童和父母为同样的事情感到烦恼是不实际的。因此，仅关注忧虑内容的方法无法帮助我们测量父母和孩子忧虑之间的一致性。

当我们使用宾州忧虑问卷和宾州忧虑问卷儿童版来观察父母和孩子忧虑的一致性时，我们发现研究结果与父母和孩子焦虑的一致性相似——二者相关性通常较小。例如，威尔逊等人于 2011 年发现，在被试主要是母亲（86%）和英国白人（95%）的研究中，父母忧虑和孩子忧虑之间的相关性在中等以下，相关系数为 0.27。而在一个以母亲占大多数（90%）的澳大利亚父母样本中，父母和孩子的忧虑相关性略高，相关系数为0.3。2016年，在唯一一项将儿童分为"焦虑"和"不焦虑"两组，并研究两组孩子的父母之间的忧虑差异的研究中，多诺万（Donovan）、霍尔姆斯（Holmes）和法瑞尔（Farrell）发现，两组母亲的忧虑程度没有差异。

这可能是因为我们在理解父母和孩子焦虑之间的一致性时，忧虑和焦虑所具有的解释功能不同。菲萨克（Fisak）及其同事发现，与父母自身的焦虑水平相比，父母对孩子所怀有的担忧更能预测孩子的焦虑，事实上，正是父母对孩子的忧虑调节了父母焦虑与孩子焦虑之间的关系。此外，特里安塔菲卢（Triantafyllou）及其同事发现，有内化问题[①]（如焦虑和抑郁）的年轻人的母亲比能将问题外化或没有心理困难的年轻人的母亲更容易产生灾难性想法。母亲的焦虑在统计学上并没有显著地高于父亲，这与她们的灾难化思维无关，这说明父母的忧虑和孩子的焦虑之间可能存在独特的关系。

因此，尽管焦虑和忧虑在某种程度上会在家庭中传承，但显然父母的焦虑或忧虑并不能解释儿童焦虑和忧虑情绪之间的大部分差异。这样一来，我们就需要将目光转到环境中的其他因素上，其中个人因素将在第4章中进行讨论。

---

① 指发生在个体内部的行为，通常将问题内部化从而引发如焦虑、抑郁及躯体化症状的问题。——译者注

养育行为与焦虑

当前已有一些模型用于解释养育行为与童年焦虑产生关联的方式，在这些模型中已经指出了与焦虑有关的特定养育行为。这些行为包括：过度保护、未能给予孩子自主权、过度参与和拒绝行为。麦克劳德（McLeod）、伍德（Wood）和魏斯（Weisz）于2007年进行了一项早期的元分析调查，来探索这些养育因素和童年焦虑之间的联系。他们也在41篇论文中发现有47项研究对儿童焦虑和养育方式进行了准确测量。他们在对这些研究进行分析后得出结论：与针对普通人群的研究相比，针对患有焦虑症儿童的研究具有更大的效应量（effect sizes）[①]。他们还发现，观察性数据和包含养育方式独立报告的研究能展现更有力的结果。结论是，尽管证据是混合的，并且养育方式与儿童焦虑之间的关系受到不同因素的影响，但强有力的证据表明儿童焦虑与控制型养育方式之间存在小到中等程度的关联，而儿童焦虑与父母的拒绝行为之间关联较弱。

叶（Yap）和同事对养育方式与儿童焦虑和抑郁之间的联系进行了系统性回顾（见图3-1），其回顾重点是以12岁以下儿童为对象的研究。这种系统性回顾的方法使我们能研究儿童的焦虑是否与

[①] 指由于因素引起的差别，是衡量处理效应大小的指标。若效应量大，说明临床实际意义或重要性更显著。——译者注

特定的养育因素有关，而不是与一般性的情绪障碍有关。叶和约尔（Jorm）在 2015 年全面且系统地查阅了关于养育方式与儿童焦虑（5～11 岁）之间关联的文献，并将其中的证据划分为"全面""新出现"和"不明确"三类。叶等人在 2014 年发现，尽管研究焦虑和抑郁症的文献数量相似，但与儿童抑郁症的数据相比，养育因素是一种在儿童焦虑研究中新出现的证据。新出现的养育因素与麦克劳德等人发现的因素相似，包括过度参与、授予自主权、焦虑示范、厌恶以及父母间的冲突。尽管如此，这些养育因素可能并非全部只与焦虑有关。根据叶等人的研究，如厌恶、父母冲突和过度参与等几个因素也被发现与儿童抑郁症有关。事实上，尽管儿童抑郁症与自主权授予不足和焦虑示范之间的关系仍缺乏有力证据，但这主要是因为缺乏相关研究，而不是说不存在关联。正如麦克劳德等人所指出的，在探索养育方式和儿童焦虑、抑郁之间的关联时仍缺乏纵向研究[①]，但在与焦虑相关的文献中缺乏纵向研究的情况更严重。抑郁症研究中纵向研究约占 20%，而儿童焦虑研究中的纵向研究只有 12%。

叶等人在 2014 年对有关青少年焦虑和抑郁与养育方式关联的文献进行了回顾（见图 3-1）。在他们的回顾中，发现鲜有研究针

---

① 也称为追踪研究，是指在一段相对长的时间内对同一个或同一批被试进行重复研究。——译者注

对青少年焦虑与养育方式之间的关联进行讨论。共有140篇文章检视了养育方式与青少年抑郁的关系，只有17篇文章对养育方式与青少年焦虑的关联进行讨论，且只有27篇文章对养育方式与焦虑、抑郁二者的关联进行研究。通过回顾文献他们还发现，亲子关系会在青春期时出现一些不同的情况。一些在年幼儿童群体中体现得很好的因素，比如过度参与和自主权授予与焦虑之间的关联，在青春期就没有发现或者影响较小。温暖的关系和父母之间的冲突与青少年的焦虑关联也很小。青春期出现的一个重要养育因素则是鼓励交际，这似乎和较低的青春期焦虑水平有关。

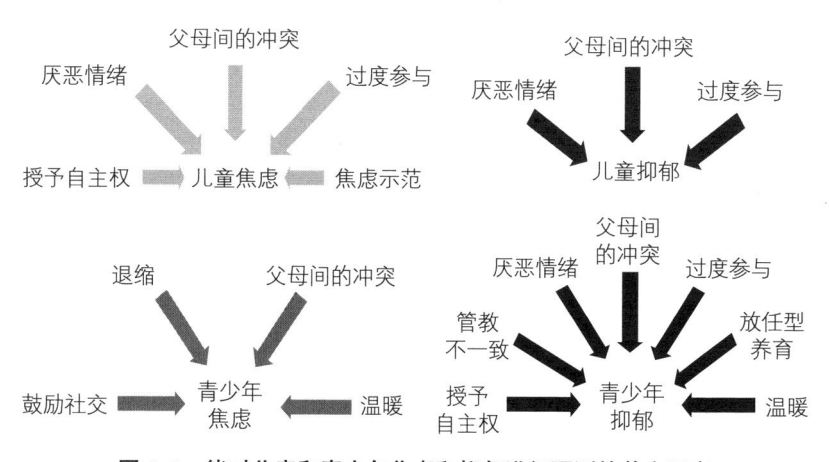

图 3-1　能对儿童和青少年焦虑和抑郁进行预测的养育因素
（来自叶等人在 2014 的研究以及叶和约尔在 2015 年的研究）

这些研究可能主要体现的是西方社会中养育方式与儿童焦虑之间的关系，而这些结论在其他文化背景下可能有所不同。瓦雷拉以

第 3 章　儿童的焦虑与家庭

身处美国的拉丁裔人口为对象，讨论了他们的焦虑和忧虑。他得出的结论是：美国白人儿童和拉丁裔儿童的焦虑在许多方面相似，但仍存在一些明显的区别。例如，在拉丁裔青少年的焦虑发展中，父母的控制行为似乎没有造成那么大的影响。这一点在其他文化中也有所体现，特别是东方文化。事实上，从更为普遍的内化障碍背景入手，就能更全面地看待这一问题。品夸特（Pinquart）及其同事发现，当研究样本中少数族群比例较高时，严厉的控制行为对内化障碍的预测性较低。

　　这些文献回顾都着眼于儿童的一般性焦虑，而缺少对特定类型焦虑的研究。事实上，根据麦克劳德等人的报告，由于大多数研究使用了一般性焦虑的评估方式，所以他们难以在元分析中区分焦虑类型。迄今为止，只有四项研究对与儿童忧虑有关的养育因素进行专门讨论。这四项研究都使用了儿童焦虑的模型来进行假设，由此影响了测量方法的选择。缪里斯等人在 2000 年使用父母养育方式评价量表（EMBU，瑞典语，意为"我的成长记忆"）研究了儿童对其父母养育方式的看法，发现那些认为父母做出更多拒绝和焦虑行为的儿童具有更高的焦虑水平。相比之下，缪里斯在一项针对青少年的后续研究发现，那些认为父母过度保护和焦虑程度较高的被试在焦虑评估中得分较高。布朗（Brown）和怀特赛德（Whiteside）在 2008 年扩充了这些研究，发现在患有焦虑症的 7~18 岁孩子中也体现了同样的关联，并且再次确认了父母的拒绝行为和儿童焦虑之间有明显的关系。儿童焦虑与焦虑性养育方式、过度保护有较小的关联，相关系数分别为 0.23 和 0.21。但由于样本量小，这些关联性并不够显著。但威尔逊等人在 2011 年的研究没有发现这种关联，在他们研究的非参考样本中，青少年汇报的焦虑和父母的养育关系几乎没有关联，相关系数在 –0.05 到 0.08 之间。由于相关研究的数量少之又少，目前无法确定这些不同结果能否反映发展差异、临床被试和社区被试的差异，或者反映出其他未知因素。

另一些研究则集中在探索广泛性焦虑症儿童的养育方式，详见第 5 章中关于童年期广泛性焦虑症的诊断的介绍和回顾。哈勒（Hale）、恩格斯（Engels）和梅乌斯（Meeus）2006 年的研究探讨了青少年广泛性焦虑症的症状和养育方式，发现广泛性焦虑症症状与父母的拒绝行为和疏远行为之间存在小到中等的关联，相关系数分别为 0.27 和 0.31；而广泛性焦虑症症状与父母的心理控制、过度参与和信任关联更小，相关系数小于 0.18。哈勒等人认为，拒绝和疏远这两个因素在发展中可能有不同的影响，父母的疏远对于年纪大些的青春期女孩有特别的影响，而父母的拒绝则会特别地影响年纪较轻的青春期男孩，但是考虑影响作用方向是重要的。哈勒等人在 2013 年提出了一个疑问：是不是儿童的焦虑和广泛性焦虑症症状促使父母以某种方式行事，而不是父母行为增加或引发了儿童的焦虑。其他研究则通过长时间对父母行为和儿童焦虑的探索，发现了双方影响作用方向的证据，其中体现相互作用的互动效应，即父母的过度控制行为会加剧儿童的焦虑，而儿童继而做出的行为又会使父母的控制行为变本加厉。在唯一一项纵向探讨患有广泛性焦虑症儿童的养育方式的研究中，内勒曼斯（Nelemans）等人在六年内发现，有重要证据表明青少年的广泛性焦虑症症状会使他们更容易感知来自父母的批评责备，而较高的批评感知水平也与父母自我报告的较多批评行为相呼应。此外，随着时间的推移，由母亲自我报告的批评行为虽然会使青少年感知更多批评责备，但却没有加剧广泛性焦虑症症状（见图 3-2）。由此看来，青春期的广泛性焦虑症症状可能会推动父母做出行为上的改变，而不是受父母行为的影响。

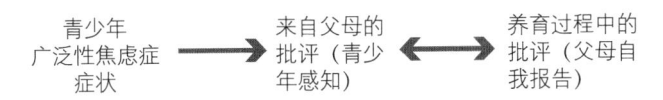

青少年广泛性焦虑症症状 → 来自父母的批评（青少年感知）↔ 养育过程中的批评（父母自我报告）

图 3-2 广泛性焦虑症症状和养育方式之间的纵向关系
（来自内勒曼斯等人在 2014 年的研究）

一种假设认为，母亲和父亲的养育行为可能会产生不同的影响，因此有必要对各自的影响做出区分。例如，格吕纳（Grüner）、缪里斯和默克尔巴赫（Merckelbach）在 1999 年发现，尽管不同的因素对母亲和父亲有不同的重要性，但广泛性焦虑症症状与儿童报告的父母控制、焦虑性养育方式和拒绝之间都存在关联。父母的拒绝对于父亲和母亲而言都是预测儿童广泛性焦虑症症状的最显著因素，而在预测广泛性焦虑症症状时，父亲的焦虑性养育行为比控制的影响更大，而母亲的控制比焦虑性养育在预测中显得更为重要（见图 3–3）。

图 3–3 父亲和母亲因素在预测儿童广泛性焦虑症症状方面的相对关系（来自 1999 年格吕纳、缪里斯和默克尔巴赫的研究）

说明：图中的字体大小只是为了说明问题；深粗线比细浅线代表更大的贡献者，但箭头的面积与效应的大小没有直接关系。

这种性别差异在其他发展时期可能更加明显。针对 10～15 个月大的婴儿的研究发现，母亲和父亲自我报告的挑战行为都与婴儿的焦虑气质无关。但母亲的过度保护与婴儿的焦虑气质高度相关，相关系数为 0.55；而父亲的过度保护则只有 0.06 的低相关系数。

此外，在父亲的具体作用方面可能存在文化差异。一些研究发现，在中国家庭中来自父亲的温暖对那些可能患上焦虑症的年轻人来说具有保护作用。虽然目前鲜有跨文化的研究来探索父亲对儿童焦虑的不同影响机制，但显然对父母双方的作用都进行考量是至关重要的。

另一种探索焦虑是如何从父母传递给孩子的方法，是将父母自身的焦虑症纳入考虑，但讨论父母患有焦虑症对养育方式的影响的文献非常混杂。一些早期研究发现，焦虑的父母会有更强的控制欲、会更多地批评孩子，以及更不鼓励孩子拥有自主权。但也有其他研究发现焦虑的父母和无焦虑症状的父母之间没有差异。有许多因素可以解释父母是否焦虑所产生的差异，包括行为是被观察到的还是自我报告的、观察中使用的任务类型、孩子的年龄，以及孩子本身是否有焦虑症等，这些因素都会造成差异。父母本身也会导致一些关键的差异，这也能决定焦虑是否会影响养育行为。一些研究者认为母亲和父亲的焦虑有着不同的作用，这也和父母亲的行为对儿童和青少年广泛性焦虑症症状会造成不同影响的研究结果相呼应。但也许更重要的是研究所患焦虑症的性质。一些研究集中于患有单一焦虑症的母亲，如恐慌症或社交恐惧症等，但这些研究不够全面和具体，因为这些研究要么着眼一般的养育行为，要么观察的是父母在经历焦虑情景下面对困难任务时的养育行为，例如观察有社交恐惧症的母亲与孩子在社交场合的表现。琳内·默里（Lynne Murray）及其同事则试图更具体地研究这个问题。在探索了母亲的社交恐惧症对婴儿的影响后，他们进一步确定了如果将没有焦虑症的母亲训练成用社交恐惧的方式养育婴儿，也会产生类似的影响，最终导致婴儿对社交更加回避和恐惧。这一点在已经显示出带有焦虑风险因素的婴儿身上尤为明显，特别是具有行为抑制气质的婴儿。在这些研究中，似乎是母亲先在社会环境中示范了一种焦虑反应，然后婴儿才模仿和重复。因此，研究中的难题是要开发一项任务来激发患有广泛性焦虑症的父母模拟焦虑行为。默里和同事选择的是一项涉及不确定性的任务，因为对广泛性焦虑症患者而言，真正让他们头疼的不是那些引发社交恐惧的典型任务，如与陌生人互动或是在公共场合执行某个任务，而是处理不确定性，详见第4章中关于无法容忍不确定性的讨论。默里及其同事比较了患有社交恐惧症的母亲和患有广泛性焦虑症的母亲在以下三个任务中与孩子互动的情况：孩子准备并发表演讲、孩子与一个潜在的可怕的物体互动，以及与孩子一起玩橡皮泥的中性任务。通过许多经编码的养育变量可以看出焦虑的父母与不焦虑的父母在这些任务中表现有所不同：焦虑的母亲比不焦虑的母亲更被动且给予孩子的鼓励更少。然而，能够区分患有社交恐惧症的母亲和广泛性焦虑症的母亲的行为却不多。与患有广泛性焦虑症的母亲相比，社交恐惧症的母亲群体中出现焦虑的情况更为普遍。值得注意的是，几乎所有已编码的母亲行为表现都能依据任务互动内容进行分类，如社交恐惧的母亲在演讲任务中表现出更多的焦虑行为，而患有广泛性焦虑症的母亲则在与潜在可怕物体互动的任务中表现出更多的焦虑行为。

由此看来，探讨父母的特定焦虑类型对其养育方式的影响可能有助于我们更好地了解焦虑症是如何传承延续的，但是人们却很少关注这些对儿童的影响。默里及其同事的研究表明，模拟社会焦虑会增加婴儿的社会焦虑反应，但并不清楚对不确定事件的焦虑反应又是如何导致儿童更加忧心忡忡的。斯坦（Stein）和他的同事认为，该作用机制可能是以焦虑作为启动条件而发生的。在他们对患有广泛性焦虑症的母亲、患有抑郁症的母亲和没有情绪障碍的母亲进行比较后发现，哪怕婴儿进行了更多的言语表达，焦虑会使得患有广泛性焦虑症和抑郁症的母亲说话显著减少，这是一个值得考虑的机制。如果父母根据内在发生的事情而改变行为，即行为受到焦虑情绪的推动，那么他们的行为对孩子而言会显得更加多变，最终孩子也许会觉得父母的行为有更多不确定性和难以预测。也许正是在这样的情况下，有焦虑病史的父母会在无意中为孩子创造具有不确定性的情景，将解决不确定性的需求传递给孩子。但无论这种机制看似多么合理，目前还没有足够的研究来确定其准确性。

总体而言，关于父母在儿童的忧虑情绪和广泛性焦虑症中的影响可以得出的结论充其量只是暂时的。但由于忧虑情绪是儿童焦虑的一个重要方面，已找到的关联与研究儿童焦虑文献的发现相似并不足为奇。尽管如此，大多数针对焦虑的研究是在某个理论模型的指导下进行的，这些理论模型要么是侧重于拒绝、过度保护或过度参与和控制的儿童焦虑模型，要么是像批评等更为普遍的情绪表达模型。如果没有对焦虑背景下的养育方式进行更多开放性的研究，我们很有可能会错过重要的养育因素，这些因素恰恰可能在儿童焦虑的发展和持续中起到一定的作用。此外，在缺乏纵向和实验性研究的情况下，我们不能只是简单地关注父母在儿童焦虑发展中的影响，也要考虑焦虑在发展和维持特定养育行为中的作用。许多影响可能是双向的，即儿童会对父母产生影响，反之亦然。最后也是最重要的一点，未来的研究要考虑儿童和父母的性别，还要考虑母亲和父亲养育方式的文化差异。在现有为数不多的文献中有一些证据表明，性别对于理解儿童焦虑和养育行为之间的具体关系可能很重要。

依恋和焦虑

文献中另一个显著的系统性因素是依恋。学者认为依恋是婴儿对主要照顾者产生的一种主要的生物驱动力，许多"依恋行为"会使婴儿与照顾者保持亲近的关系。长期以来，人们都认为那些带有不安全型依恋的儿童，或者是那些有特定焦虑模式、抗拒照顾者安抚的儿童有着较高的焦虑风险，尤其是那些表现出焦虑-矛盾型依恋的儿童。这一点已经得到了横向研究[①]、纵向研究和干预性研究的支持。然而，儿童的不安全型依恋和焦虑之间可能存在着特定的联系，例如，卡西迪（Cassidy）认为缺乏安全感的儿童所处的成

---

① 也叫横断研究，是指通过在同一特定时间内比较不同年龄组的被试来研究发展倾向的一种方法。——译者注

第3章 儿童的焦虑与家庭

长环境就是引发焦虑的特定条件。如果你的早期环境无法兼容不确定的威胁，那么不仅你的注意力会被吸引到实际发生的威胁上，还不得不环顾检查环境中可能出现的威胁以便做好应对的准备。这种想要了解未来可能出现的威胁而对环境进行环顾检查的行为，可能是焦虑的最早期前兆（详见第6章）。专家已经发现，在患有严重广泛性焦虑症的成年人和患有广泛性焦虑症的学生中存在更多的不良依恋情况。此外，研究还发现依恋类型会影响对患有广泛性焦虑症的成年人的不同治疗方式。尽管如此，询问成年人的被养育经历也存在着一些问题，例如进行回顾性报告是出了名的不准确。事实上，在依恋领域的研究已经发现，早期测量的依恋状态与后期的依恋状态之间可能不存在可靠的关联，而环境因素也会影响个人对过去依恋状态的看法。因此，对儿童的依恋和焦虑展开专门的研究十分重要，但探讨焦虑儿童的依恋状态的研究却寥寥无几。缪里斯和布朗、怀特赛德分别对儿童自我报告的依恋关系进行了研究，发现那些将自己评估为不安全型依恋的儿童也报告了更高的焦虑水平，但这些研究也受到了自我报告依恋状态的属性限制。因为与纵向、多信息源和经实验设计的研究相比，横向研究、使用单一信息源和问卷调查的研究方式都会使结果表现为依恋和焦虑之间存在更大的关联。因此，哪怕不安全型依恋与焦虑之间存在理论联系，但对该问题的探索和研究仍很匮乏。

要了解依恋理论在我们理解儿童焦虑时的作用，就离不开讨论其与其他变量的关系。不少研究发现，依恋和养育方式变量对儿童的焦虑各自有着单独的影响，或者能借由中介模型来使用这两者预测焦虑。其他作者也提出，依恋可能通过影响儿童的情绪调节进而与焦虑产生关联。虽然大部分研究是关于一般的焦虑症，但有一项研究特别着眼于广泛性焦虑症。马尔甘斯卡（Marganska）、加拉格尔（Gallagher）和米兰达（Miranda）在2013年对一些情绪调节变量进行测试，将这些变量视为成人不安全型依恋和广泛性焦虑症症状之间关系的媒介。他们发现，较差的情绪调节策略和冲动控制能力，以及无法接受负面情绪等因素都能成为不安全型依恋和广泛性焦虑症症状严重性之间关系的媒介。这些因素将在第4章中进行介绍，但该发现表明依恋对儿童的广泛性焦虑症和忧虑情绪可能并不存在很强的独立影响，但可能会对某些心理过程产生影响，继而导致焦虑。

因此我们发现，虽然导致焦虑增加的特定养育行为并不多，但在一些养育因素之间存在着微小却持续的联系，这些因素似乎也会增加情绪障碍出现的风险。但值得我们注意的是，研究还发现许多因素可能会给儿童带来外化障碍的风险，这些外化障碍包括行为问题、攻击性和品行障碍等。因此，如果我们想找到父母对孩子焦虑产生影响的具体途径，我们可能还需要对其他养育因素进行探讨。

父母和孩子的焦虑过程

为了探究父母和孩子焦虑之间的因果过程,相关研究不仅开始探索孩子和父母的焦虑水平是否存在相关性,还开始讨论在父母和孩子之间是否存在相似的特定焦虑过程。已经有研究探讨了父母及其孩子在焦虑中是否存在相似的认知偏差。然而在研究焦虑时,关注参与焦虑的认知过程,包括研究元认知和对不确定性的无法容忍这两点可能更有帮助。

父母和孩子的元认知

在考虑父母和孩子之间与焦虑和忧虑等现象的一致性时,需要思考两个主要问题:其一是什么样的过程会导致亲子双方之间出现一致性?其二是双方中的一方是否会影响另一方,特别是产生消极影响,例如父母的焦虑是否会加重孩子的焦虑?正如我们前面所看到的,父母和孩子的焦虑之间虽然存在很强的一致性,但也是有限的。况且那些像养育行为等得到广泛研究的因素也只对父母和孩子焦虑之间可能存在的关联过程提供了部分解释。在心理困境的认知行为模型中,行为和认知都不可或缺。因此,对与焦虑过程有关的认知进行探究是很有意义的,我们可以检验这些认知是否能帮助我们理解一致性产生的过程。

第 4 章会对许多不同认知过程进行概述，这些认知都涉及使焦虑成为问题性焦虑的发展过程，而其中的元认知理念和对不确定性的无法容忍被认为有着最大的影响。只有少量的研究讨论了父母和孩子的焦虑元认知之间的联系。在第一项研究中，雅各比（Jacobi）及其同事在强迫症症状条件下探索了年龄较大的青少年身上的这一关系。他们的研究发现，父母和孩子之间想法的相关性为小到中度，最低的相关性是父母和孩子之间对"自我意识"的认知，相关系数为 0.06；最高的相关性则是对于"思想重要性和控制思想的需要"的认知，相关系数为 0.19。威尔逊等人在一个稍微年轻的 11～16 岁青少年样本中也发现了类似的结果。亲子之间的认知相关性从"不可控制性与危险想法"（相关系数为 0.03）到"迷信惩罚和责任的理念"（相关系数为 0.13）不等；但双方持有的积极看法具有更大的相关性，相关系数为 0.27。在两项针对年龄更小的 7～12 岁儿童的研究中，埃斯比约恩（Esbjørn）及其同事发现父母和儿童对焦虑的积极看法之间也存在类似的相关性，两项研究发现的相关系数分别为 0.27 和 0.29。然而，不像那些在青少年群体中发现的相关性非常低的其他看法，父母和孩子对焦虑的不同维度的看法也具有中等相关性，在这两项研究中反映的相关系数为 0.14 到 0.30 不等。与青少年组别相比，在更年幼儿童的组别中，父母和孩子似乎在自我意识认知和认知信心方面有着更好的一致性。这些研究者认为，这可能是探索父母和孩子元认知之间一致性的重要年龄段，因为在幼年时期父母对孩子的想法仍有关键的影响。但值得注意的是，对这一问题的研究非常少，需要有进一步的研究来指出并凸显那些对该关系造成影响的发展因素、文化或社会经济因素。

父母和儿童对不确定性的无法容忍

如果说探索父母和孩子之间的元认知过程的研究很少，那么探讨父母和孩子对不确定性的无法容忍的一致性的研究就更少了。2006年，雅各比、卡拉马里（Calamari）和伍达德（Woodard）在对青少年强迫症症状的研究中对此进行了部分测试。父母完美主义者和青少年完美主义者对不确定性的无法容忍之间相关性低，相关系数只有0.13，并且这也不是用纯粹的评估方法测量的。桑切斯（Sanchez）、肯德尔（Kendall）和科默（Comer）于2016年使用无法忍受不确定性量表（intolerance of uncertainty scale，IUS）来探索儿童及其母亲对不确定性的无法容忍是否一致，并探索母亲的焦虑和7~13岁孩子的焦虑之间的关系。母亲和孩子在对不确定性的无法容忍方面有着适度的相关性，相关系数为0.42，但这只是部分地体现了儿童焦虑和其母亲焦虑的关联。这项研究面临的主要难题是，不论是母亲自身还是孩子，对不确定性无法容忍的认知都是由母亲进行报告的。问题在于，尽管母亲能很好地汇报由该认知引起的行为，但她们可能并没有真正了解自己孩子对于不确定性无法容忍的体验。显然，我们还需要更多的研究来帮助我们理解这种对不确定性的无法容忍是如何作用于父母和孩子的焦虑的。

儿童焦虑治疗中父母参与的情况

在对焦虑过程中的亲子关联进行讨论的主要原因里,有一个原因是试图了解父母在问题性焦虑的发展和持续中可能起到的作用,以及儿童在引发父母某些反应中可能扮演的角色。了解这些过程十分重要,这有助于我们为那些因焦虑和忧虑情绪苦苦挣扎的儿童设计适当有效的干预措施。临床上的观察结果对研究发现提供了支持,即焦虑儿童的父母会表现出一些具体的特征,他们对孩子有更多的控制和给予更少的自主权;在一些临床案例中这些父母甚至故意妨碍了孩子的治疗。

> 约翰在治疗中表现得非常好。他已经确定了自己主要的恐惧和担忧事项,并为想实现的事情制订了一份优先顺序清单。他在这方面做得很好,并能意识到他所焦虑的大多数事情其实不会真的发生。现在他正朝着最后一个目标努力:能自己去商店。这一目标既符合他的发展需要,也得到了治疗师的肯定。因为经评估,约翰居住的区域不大可能出现危险。但实现这个目标还需要约翰的母亲同意。约翰向母亲解释说,这是他的最后一个目标,并且他真的觉得自己可以做到。治疗师也向他的母亲表达了自己的看法。治疗师认为约翰可以做到,但如果中途出现了任何阻碍因素,或是他没有在本周实现这一最后目标,也不会有什么问题。约翰可以继续当前他们已经在进行的

工作，然后在下周检查环境后再次尝试。约翰的母亲看起来松了一口气。她随即转身对约翰解释说，这意味着如果约翰去商店时发现那些令人害怕的"大块头"也在那里，并且威胁约翰或是试图抢约翰的钱或自行车时，约翰可以直接回家而无须进入商店。幸运的是，约翰成功地完成了这件令他焦虑的事。之后他对母亲笑了笑，告诉她不要担心。

临床证据很清楚地表明父母会影响孩子焦虑症的治疗。有一项最早的实验有力地强化了这一发现，该实验直接比较了仅涉及儿童的认知行为疗法（child-only CBT，cCBT）和家庭认知行为疗法（family CBT，fCBT）。巴雷特（Barrett）及其同事在1996年发现，在经过12周的治疗后，患有分离焦虑、过度焦虑症（详见第4章中对与忧虑有关的过度焦虑症的介绍）和社交恐惧症的儿童在接受家庭认知行为疗法后的表现比接受仅涉及儿童的认知行为疗法的更好。但该研究出现不久后，由科巴姆（Cobham）、达代斯（Dadds）和斯宾塞在1998年进行的类似研究却发现，不论儿童接受的是仅涉及儿童的认知行为疗法还是家庭认知行为疗法，结果不存在差异，但是后续对实验对象的跟进调查却出现了更复杂的表现。巴雷特等人在六年后对研究的最初被试进行了跟进调查，发现两组疗法的儿童之间没有差异；而科巴姆等人在三年后对研究对象的跟进调查却发现接受家庭认知行为疗法的儿童的确更胜一筹！多年来，这种模棱两可的现象不断增多。对于有或没有父母参与的团体和个人认知行为疗法的研究表明，仅涉及儿童的认知行为疗法和家庭认知行为疗法在 7～18 岁这一广泛的年龄范围内有着相似的结果；而在其他年龄范围内有限的研究则表明在 6～14 岁这个年龄段中家庭认知行为疗法有明显的优势，或者表现出更好的治疗趋势。值得注意的是，只有一项研究发现仅涉及儿童的认知行为疗法比基于家庭的疗法更有益处。诸多对实验的回顾旨在探索为什么研究会得出这些混合、复杂的结果。布雷恩霍尔斯特（Breinholst）等人在 2012 年提出了六个可能值得探讨的原因：治疗方法的差异、所针对的养育因素的差异、缺乏明确的变化模型、结果测量的差异、个体差异和治疗的灵活性。布雷恩霍尔斯特及其同事更是特别指出，父母参与治疗的好处之所以会呈现复杂的证据，可能与父母的参与模式、改变模式和针对父母的干预措施之间的不一致有关。他们还认为，临床试验关注的是有多少儿童摆脱了焦虑症，但这一结果并无法反映出因父母参与而发生的变化。如果父母参与了治疗过程，可能会改善亲子关系，或者父母本身的压力和焦虑也会减少。当然也有证据表明，无论父母是否参与其中，他们都会受到干预措施的影响。在对治疗服务的满意度和参与度上也可能存在更为普遍的差异。

也许我们在寻找差异时放错了着眼点。当我们仅仅从父母自身，甚至从家庭内部寻找差异时，就很有可能忽视更为广泛的文化差异。正如我们先前所见的，在使儿童面临更大风险的父母行为或保护儿童免受焦虑症发展的威胁因素方面，可能存在着重要的文化差异。父母的参与是否会对儿童有所帮助似乎也会受到文化因素的影响。瓦茨拉维克（Vaclavik）及其同事将美国的拉丁裔儿童和青少年随机分为两组，分别接受团体认知行为疗法和有父母参与的认知行为疗法。这两种干预措施都显示出积极的结果：焦虑症状有所减少，但父母的文化程度影响了干预措施的最大实施效果。当父母的文化程度得分较低时，基于团队的认知行为疗法更有效；而当父母的文化程度得分较高时，父母参与的认知行为疗法更有效。在对美国拉丁裔父母和非拉丁裔白人父母的直接比较中，塞利格曼（Seligman）及其同事在2019年发现，这两组父母参与的认知行为疗法对焦虑的青少年具有一样的效果，但拉丁裔父母在理解治疗上面临额外的障碍。还有一个有趣的问题，即对于焦虑和心理健康观念中的文化差异是否能推动更多的支持资源来解决这些困难？或者说某些关键的移民身份是否会在儿童和父母寻求帮助时影响所获得的服务呢？

越来越多将元分析和数据结合的研究旨在解释清楚父母参与的问题。例如，西尔弗曼、格雷卡和沃瑟斯坦研究了治疗试验中对不同类型结果的评估。在第一项研究中，他们发现结果会因为参与干预的对象而出现特殊性。当儿童是小组干预的唯一接收者并且焦虑减少时，他们的社交技能也会有所增加，而这点是在以家庭为中心的认知行为疗法中没有发现的结果。相反，当父母参与干预时，他们的养育方式会得到改善，这是在只有儿童接受干预的情况下没有出现的结果。在第二项研究中，研究者发现父母的改变和孩子的改变之间存在双向关系。这些因素加在一起也许可以对马纳西斯（Manassis）及其同事在 2014 年完成的元分析的结果进行解释。这些研究人员观察了焦虑儿童及其家庭当下出现的改变和长期结果。从他们的数据中可以看出，父母或家庭参与治疗时并没有出现好的即时结果，但从长远来看，以家庭为中心进行干预的情况会出现进一步的改善；而在只接受儿童为主的干预疗法的家庭中，结果保持不变。让父母随着时间改变养育方式，并接受孩子进步所带来的影响，可能会对改善儿童的焦虑发挥长期且积极的作用。

但我们现在不知道的是，究竟哪些儿童可能特别需要这种额外的干预。有人认为，父母有焦虑症的孩子可能会从父母参与治疗的过程中获益良多。不少研究人员认为，一些父母身上的焦虑症可能会给孩子的治疗带来风险和产生负面影响，特别是在父母被诊断为社交恐惧症的情况下，孩子出现心理困扰症状、焦虑症状，对治疗反应不佳以及发展出焦虑症的风险更高。在讨论焦虑时，这点也特别有意思，因为虽然社交恐惧症不是一种焦虑的症状，但确实包含了忧虑和担心的成分。还有一点，社交恐惧症中很重要的一个方面是对社会评价的恐惧，而许多青少年的焦虑恰好和社会评价有关。那么对于患有以忧虑情绪为基础的疾病，如广泛性焦虑症的儿童而言，情况也是如此吗？当我们寻找在焦虑或广泛性焦虑症治疗中父母作用的相关文献时，我们发现数量非常少，针对患有广泛性焦虑症儿童的通用认知行为疗法研究更是几乎没有。第5章会详细介绍五项研究，这五项研究是专门为广泛性焦虑症儿童设计的干预性研究测试；还会介绍两项针对焦虑中的忧虑因素的干预性研究测试。几乎所有五项针对广泛性焦虑症儿童的项目都会让父母以某种形式参与进来，从最初的治疗阶段到结束时的参与，再到举办平行的针对父母的完整项目（一般为10次课程中连续7次）。而另两个针对忧虑的研究则没有让父母参与，这并不足为奇，因为其重点是预防并对忧虑情绪进行早期干预，而不是对已经患有焦虑症的儿童进行干预治疗。

从这些研究中可以看出，临床上已经意识到让父母参与干预过程可能对广泛性焦虑症儿童有所帮助。事实上，赫德森（Hudson）等人从临床数据中发现，大量的基础家庭干预对广泛性焦虑症儿童的益处比对社交恐惧症儿童更大。然而，在对一组更大的干预数据的分析中，麦金农（McKinnon）等人在2018年发现，广泛性焦虑症儿童从基于个人、小组和家庭的认知行为疗法中所能获得的好处是相同的。

因此，让父母参与治疗过程可能会为焦虑的孩子带来好处，但目前我们还无法真正地对这些好处提出任何有力的结论。但事实上，许多研究结果发现仅父母参与工作和父母加入孩子治疗的结果殊途同归。有研究发现，仅是和父母一起工作并教导他们认知行为疗法的模式，父母就能够学以致用地帮助孩子面对恐惧以及管理、克服焦虑，这也是十分有效的，与仅治疗孩子或让孩子和父母同时参与治疗的效果相比也不遑多让。虽然这些研究中鲜有只关注广泛性焦虑症儿童的，但几乎所有研究中都涵盖了相当比例的广泛性焦虑症儿童。

结论

当我们试图理解家庭中的焦虑时，我们发现其中一些过程显然是相互影响的。父母的行为可能会影响儿童的焦虑水平和忧虑情绪，而父母的认知也会影响儿童对焦虑的看法和认知过程。然而，还有一些需要注意和考虑的条件。首先，这些关系可能是双向的，即儿童的焦虑也会如受到父母影响那般反过来影响父母的行为和认知；其次，养育因素对于儿童焦虑的总体影响可能相对较小；最后，尽管对某些人来说，邀请父母参与焦虑儿童的治疗可能是有益的，但这并不代表没有父母参与就一定会导致更多的负面结果。

在考虑了这些条件后，如果我们想要了解为什么有些孩子比其他孩子更焦虑，以及想试着帮助那些焦虑水平高的孩子，那么我们就需要考虑家庭以外的因素。要想研究儿童焦虑与父母行为和认知之间更为复杂的关系，我们也许不仅需要探究文化、社会环境和生活事件等外部因素，还需要了解儿童的气质和认知过程等内在因素。

第 4 章
当儿童的焦虑成为问题

UNDERSTANDING
CHILDREN'S
WORRY

第 4 章 当儿童的焦虑成为问题

虽然为某事烦恼是一种正常的体验，有些人会经常经历忧虑，大多数人也会时不时地感到焦虑，但对某些成年人和儿童来说，焦虑给他们带来了困扰。特别是当忧思过度、过强或是无法控制的时候，就会发展出问题性焦虑。事实上，在美国精神病学会制定的广泛性焦虑症诊断标准中，过度性和不可控性是两个参数，而广泛性焦虑症是一种以忧虑为主要特征的焦虑症。在过去的 30 年里，人们一直在努力了解广泛性焦虑症和问题性焦虑中所涉及的过程，以便为受其影响的人设计有效的治疗方案。除了对个人会造成相当大的负担之外，广泛性焦虑症也会给社会带来沉重的经济负担，其对生活质量的影响和带来的经济压力与抑郁症、其他焦虑症和药物使用障碍等心理健康状况是相似的。因此，社会也积极地支持和帮助那些有问题性焦虑的人获得治疗。要做到这点，我们需要先了解其中涉及的过程。本章重点介绍我们对成年人和儿童焦虑过程的认识。

焦虑的孩子：关于儿童青少年焦虑问题的心理研究

问题性焦虑涉及的过程

有大量模型旨在解释成年人的病态或问题性焦虑。这些模型在已患有广泛性焦虑症的成年人、具有高焦虑水平的成年人和普通成年人身上都得到了广泛的测试。而理解儿童问题性焦虑的一个策略，就是采用这些成人模型所涉及的过程，来看看在儿童身上是否产生了同样的作用。由于这类研究在某种程度上仍处于起步阶段，大部分相关研究是将典型发展或非临床案例中的儿童和青少年作为研究对象。当某一模型被发现相关时，偶尔也会在患有焦虑症的儿童和临床转诊的儿童身上进行测试。本章介绍了一些与问题性焦虑和广泛性焦虑症有关的模型，并将这些模型应用于儿童和青少年的各种研究进行了综合、辩证的分析。

在文献中最为突出的广泛性焦虑症治疗模型就是认知行为疗法。认知行为疗法长期以来一直被视为基于证据对儿童和青少年进行干预的措施。在欧洲，这些干预措施形成了一种将治疗基于障碍模型和持续症状过程的趋势。有许多关于焦虑的认知行为模型强调了焦虑的不同方面和维持过程，但它们有着共同主题。在一篇关于广泛性焦虑症的综合论文中，贝哈尔等人回顾了广泛性焦虑症的五个主要模型。他们从各个模型中分离出与广泛性焦虑症有关的具体因素，然后发现有五个因素是两个或两个以上模型所共有的，而另有两个因素是一个模型所特有的（见表4–1）。其中，"对于焦虑

第4章 当儿童的焦虑成为问题

表4-1 成年人广泛性焦虑症五个主要模型的共同和特殊成分（来自贝哈尔等人，2009）

	对不确定性的无法容忍模型	无认模型	回避模型	情绪失调模型	接纳模型
1. 对于焦虑的看法	对焦虑的看法（积极看法更重要）	对焦虑抱有积极和消极的看法	对焦虑有着积极的看法		
2. 认知或经验性回避	认知回避		认知回避		经验性回避
3. 处理困难或管理情绪的策略存在障碍	消极问题导向	无效的应对方式	无效的问题解决方式 人际关系问题	糟糕的情绪理解 适应不良的情绪管理	行为限制
4. 内在经验中的问题性关系	内在经验中的问题性关系			对情绪存在负面认知反应	内在经验中的问题性关系
5. 强烈的内在经验/过度兴奋				情绪性的过度兴奋	内在经验
6. 对不确定性的无法容忍	无法容忍不确定性				
7. 依恋与创伤			依恋与创伤		

103

的看法""认知或经验性回避""处理困难或管理情绪的策略存在障碍""内在经验中的问题性关系"以及"强烈的内在经验/过度兴奋"等因素共同存在于至少两个模型之中;"对不确定性的无法容忍"和"依恋/创伤"是仅在一个模型中发现的特定因素。其中一些因素在儿童和成年人中都被研究过,但有些因素只在成年人中得到真正的考虑。下面将回顾这七个因素,首先简要地回顾以成年人为对象的文献,以此作为背景资料,然后讨论与儿童和青少年为主体的文献。

对焦虑的看法

大多数人对于焦虑有自己的看法。这些看法可能是积极的,例如"焦虑帮助我做好准备""焦虑帮助我解决问题""焦虑警醒我需要做一些事情";看法也可能是消极的,例如"焦虑会危害我的健康""焦虑是对我时间的巨大浪费""焦虑会让我发疯"。本身患有问题性焦虑的人可能对焦虑持有不同的看法,或是更多样的、更强烈的看法。

此外,与日常普通的忧虑情绪相比,对于焦虑的看法会在问题性焦虑的发展和持续过程中发挥不同的作用。在广泛性焦虑症的每个模型中,这些看法在使焦虑发展出问题性的过程中扮演了不同的角色。在这方面的相似性和差异性将在下文进行回顾。

第 4 章　当儿童的焦虑成为问题

成年人对焦虑的看法

个体对于焦虑的看法会在大多数病态焦虑和广泛性焦虑症模型中发挥一定的影响。在博尔科韦茨等人于 1999 年提出的最初的广泛性焦虑症模型中，所关注的是对情绪的回避，以及对于焦虑的积极看法。他对这一模型进行了调整。在博尔科韦茨的模型中，这些积极的看法既强化了焦虑，也为焦虑所强化。他认为是焦虑抑制了情绪体验，这就为个体对于"焦虑是有帮助的"这一看法提供了良好的证据，从而强化了对焦虑的积极看法。而这些将焦虑视为积极体验的看法则使得焦虑更可能出现，因而强化了焦虑本身的程度。对焦虑的积极看法也是杜加斯等人在 2005 年提出的模型中的关键部分，但在这个模型中，对焦虑的积极看法使人们在不确定的情况下更容易出现焦虑和忧虑情绪，因为人们相信焦虑能在这样的情况下帮助他们应对不确定性。

尽管我们已经知道对于焦虑的看法在这些早期的模型中发挥了作用，但也需要知道是韦尔斯（Wells）在 1995 年率先研究了人们对焦虑的看法，同时也研究了这些看法在广泛性焦虑症的发展和持续中的作用。在韦尔斯的广泛性焦虑症元认知模型中，对焦虑的积极看法会促使焦虑成为面对威胁时的一种应对策略，但是一旦焦虑被激活，对焦虑的消极看法又会促使人们对焦虑本身产生担忧，从而加重消极的情绪。

有重要的研究证据表明，在广泛性焦虑症患者身上就存在着这样的过程。许多研究发现，对焦虑的积极看法以及过度担忧与广泛性焦虑症有关。事实上，人们也发现对焦虑的积极看法可以用于预测焦虑的独特变化及调节压力事件与后续焦虑情绪之间的关系。此外，麦克沃伊（McEvoy）等人在2015年发现，在对患有广泛性焦虑症的成年人进行成功的治疗后，他们对焦虑的积极看法也会减少。

然而，其他研究表明这些对焦虑的积极看法可能与焦虑的发展有关，但对焦虑的消极看法对于理解问题性或病理性焦虑有着更为重要的作用。例如，彭尼（Penney）等人在2013年的研究发现，只有对焦虑的消极看法可以用于预测广泛性焦虑症的症状，积极看法则做不到这点。此外，对焦虑的消极看法对特质焦虑及广泛性焦虑的症状间的关系起到了中介的作用。这说明对于那些高焦虑水平的人来说，对焦虑的消极看法可能导致他们将焦虑视为有问题的表现，从而导致更多的广泛性焦虑症症状。在为数不多的、与对焦虑看法相关的实验性研究中，普拉多斯（Prados）在非临床患者的成年人群体中对焦虑的积极和消极看法进行了操纵，以此研究这些看法对后来产生的焦虑和情感反应的影响。与预测相反，将对焦虑的看法朝着积极的方向上操纵引导时，担忧焦虑或负面情感并没有增加。然而，将对焦虑的看法朝消极的方向操纵时，的确引发了稍小的情感反应。这说明尽管对焦虑的消极看法引发了后来的问题，但其在最初确实能抑制情感反应。理解对焦虑的消极看法在治疗广泛性焦虑症方面也很重要。尽管麦克沃伊等人在2015年发现对焦虑的积极看法会在治疗之后发生变化，但消极看法的变化更大。

这些关系在不同文化中是否成立，我们对此知之甚少。在不同的文化中，焦虑的元认知似乎都很重要，并且元认知问卷的结构也具有不变性，但该领域的研究仍处于起步阶段。

总之，对焦虑的积极和消极看法对于我们理解焦虑都非常重要，但这些看法在日常的忧虑情绪、问题性焦虑或广泛性焦虑症中可能有不同的作用方式。在年轻人群中探究这些过程是非常重要的，因为童年时期正是思考能力发展并形成对自己看法的阶段。研究儿童元认知领域的先驱弗拉维尔（Flavell）在一些研究中提出，从七岁起，儿童就能意识到自己的想法了。尽管学龄前儿童很少能够意识到认知过程是连续的，甚至很少能知道自己在休息时也会展开认知过程，但当儿童进入学校时，他们就对自己的认知过程有了一些想法。例如，从七岁开始，儿童能很好地估计自己的记忆能力。儿童如果需要能够反思并报告自己对于焦虑的看法，这些元认知能力是不可缺少的。因此，我们需要回顾一下关于测量儿童对焦虑的元认知看法的研究，以便将这些看法与焦虑本身放在相关情况下一起看待。

焦虑的孩子：关于儿童青少年焦虑问题的心理研究

测量儿童对焦虑的看法

测量儿童对焦虑的看法有两种主要方式：自下而上和自上而下。自下而上的方法是向儿童提出有关其看法的开放性问题，然后将这些看法归入适当的类别。自上而下的方法则是采取用于评估成年人对焦虑的元认知看法的措施，并将这些措施应用于儿童。自上而下的方法比自下而上的方法更多，至少有三种不同的元认知问卷得到了改编和应用。第一个改编是由卡特赖特-哈顿（Cartwright-Hatton）及其同事在2004年进行的，他们改编了较为简短的元认知问卷30题版（MCQ-30），用于青少年身上。主要改编的是用于测量的语言，而问卷的内容或结构则没有大的改变。当他们对从超过160名青少年身上收集的数据进行因素分析（factor analysis）[①]时，发现了有五个因素与原始测量表中的五个因素产生了很好的呼应和共性。

但是这些研究主要集中在青少年身上。由于认知水平的成熟，青少年的元认知过程可能比儿童的更加类似于成年人的元认知过程。但已经有两个独立研究尝试了将元认知问卷改编为适合低龄儿童使用。巴科（Bacow）及其同事在2009年试图为7～17岁的儿童开发该项测量方式。在他们的问卷版本里只有24个项目，因为

[①] 处理多变量数据的统计方法，使用提取的共性因素来最大限度地概括和解释众多的信息，用简洁的概念揭示事物之间的本质联系。——译者注

他们决定删除与认知信心有关的项目。经发现，该测量具有良好的心理测量特性，因为它有着良好的内部一致性，并且当它与对焦虑和抑郁的测量对照时，二者有着良好的共时效度（concurrent validity）[1]。与元认知问卷成人版不同的是，元认知问卷儿童版的有效性很大程度上是在被诊断为焦虑症的儿童身上得以验证的，问卷作者也惊奇地发现，与非临床组对象相比，这些焦虑症儿童在元认知问卷儿童版上的得分并不高。事实上，在其中的认知监控量表子量表中，非临床组对象的得分更高，这说明这一测量方法的效标效度（criterion validity）[2]并不理想。此外，在一项对有焦虑症和没有焦虑症的儿童元认知的后续研究中，二者只有一个差异，即非临床组的认知监控水平更高。这可能表明，年龄较小的儿童身上元认知和焦虑症状（如忧虑和强迫）之间的关系尚未建立，或者该测量方法并不能像在成年人中那样触及该关联。

埃斯比约恩及其同事还对一个改编的元认知问卷成人版进行了测试，将其应用于 9~17 岁的人群。在一项从社区样本中抽取的包含 974 名儿童和青少年的大型研究中，这个版本的元认知问卷体现了良好的心理测量特性。该版本的作者们保留了所有五个子量表（30 个项目），因为五个因子都具有代表性，所以该测量被认为有

---

[1] 即将一次测试的结果同另一次时间相近的有效测试的结果相比较，看之间的相关程度。——译者注

[2] 考查测验分数与效标的关系，看测验对我们感兴趣的行为预测得如何。——译者注

着良好的因子结构。这份问卷也体现了良好的内部一致性，以及体现与广泛性焦虑症和强迫障碍测量的良好共时效度。此外，这个包含30个项目的问卷版本似乎对于7～8岁的儿童也具备有效性。

我们采取了另一种自下而上的方法来探索儿童对焦虑的看法。在一些研究中，我们通过向儿童提出开放性的问题来探究他们对于焦虑的看法。威尔逊和休斯于2011年的研究让6～11岁的孩子讲述他们对于焦虑的看法，问他们认为焦虑有哪些好的和有用的地方，又有哪些不好的和无用的地方。我们发现，6岁的孩子可以借助这种形式来报告对于焦虑的看法，而且这些看法与成年人的看法基本相似。但一个重要的不同之处在于家庭在看法中扮演的角色。例如一个孩子报告说，焦虑有时能帮到她，因为焦虑能帮她告诉妈妈自己需要一些帮助。这可能无法作为关于焦虑的积极看法的典型类别，但的确可以体现儿童和成年人在对焦虑看法上的一些差异。我们有必要进行进一步的研究，在焦虑对家庭意味着什么的背景下探讨儿童对焦虑的看法。

当我们在12～16岁的少年身上探索这些开放式问题的答案时，也有着类似的主要发现：所有年龄段的孩子都报告了关于焦虑的积极看法，比如焦虑能保证安全并显示对情况的关切。他们也提出了关于焦虑的消极看法，比如焦虑使人感觉不舒服或让人生病，还会影响睡眠。然而与年幼儿童相比，年长儿童的答案中体现了更多焦虑对友谊的影响。与友谊相关的积极看法，比如焦虑可以帮助朋友知道我的烦恼，消极看法则是焦虑会妨碍友谊的建立。在一个不同的青少年样本中，我们发现了相似的焦虑看法模式，他们的自发报告和经历过慢性疼痛或没有经历过慢性疼痛的青少年之间没有差异。在临床上，这些符合发展阶段的看法可能会在临床访谈或使用开放性问题时出现，但是当使用由成年人的测量措施改编的标准化方法来测量青少年对焦虑的看法时，可能会错过这些重要的差异。

儿童对焦虑的看法

从前文可以看出，我们似乎有很多方法可以测量儿童和青少年对焦虑的看法，这些看法很可能与成年人的看法相似，但又有证据表明仍存在一些微小却明显的差异。因此值得一问的是，这些看法与焦虑的关系是否与成年后的焦虑有着同样的关联方式呢？在2010年，由埃利斯（Ellis）和赫德森，以及威尔逊分别撰写的两篇文献综述对当时已有的相关资料进行了回顾。

在埃利斯和赫德森的研究中，他们综合了现有的资料得出结论——有足够的证据表明对焦虑的积极和消极看法都与儿童和青少年较高的焦虑水平相关。当时只有一项由巴特等人在2009年进行的研究包含有一个由临床转诊的焦虑症儿童样本。这项研究的结果十分有趣，在他们改编的元认知问卷中，焦虑症儿童在一些子量表里显示了较低的水平。在那之后，一些研究对焦虑症儿童的元认知进行了探索，结果似乎与成年人的相似：过度焦虑的儿童和焦虑症水平较高的儿童对焦虑有着更积极的看法，也有更消极的看法。此外，这些看法的作用方式似乎与在成年人身上的机制相似。

> 露西希望得到帮助，解决她的焦虑问题。她觉得焦虑占据了她的生活，妨碍了她做喜欢的事情。最近由于考试，情况变得更糟了，不过她形容自己一直是个容易忧虑的人。露西很想了解自己该怎么做以减轻焦虑，但像受控制的焦虑时段和转移注意力的措施对她都不起作用。在一次治疗后布置家庭作业时，露西看起来很悲伤和绝望，所以心理学家问她怎么了。露西解释说，她这次仍然觉得治疗不会奏效，因为她就是无法完成那些旨在帮助她减少焦虑时长的作业。他们一起讨论了这个问题，最后露西解释说，如果她真的能够做到不再焦虑，那就意味着她对自己所担忧的事情不再关心，但是这些事情中有许多是对她十分重要的：她的家庭、她的朋友、她的考试分数和她的未来。她认为一旦自己停止焦虑，就意味着她变成了一个令人讨厌的、刻薄的人。

自2010年以来，有几篇论文探讨了青少年和儿童的元认知。其中许多文章发现元认知问卷中关于焦虑的不同子量表之间存在着中等程度的相关性。然而，在比较儿童和青少年对焦虑的积极看法时，其作用是不同的。在三项关于青少年的研究中，对焦虑的积极看法不仅与焦虑有着密切关联,而且在回归模型中显著地预测了焦虑的出现。而以年龄较小的儿童(七岁以上)为对象的研究发现,要么积极看法对焦虑的预测只有很小的贡献,要么积极信念在预测中不起作用。

在我们的开放式问题中也呈现一种与发展相关的趋势,即对于焦虑的消极看法先于积极看法出现(见图4-1),而且随着儿童年龄的增长,所报告的对焦虑的消极看法也越来越多。这表明不仅是积极看法在维持焦虑方面具有发展敏感性,而且这些看法首先也是与发展息息相关的。

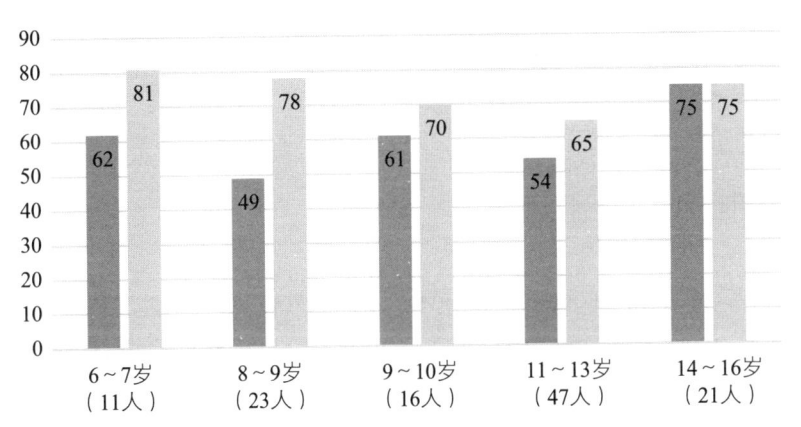

年龄段	对焦虑持有积极看法的儿童比例(%)	对焦虑持有消极看法的儿童比例(%)
6~7岁(11人)	62	81
8~9岁(23人)	49	78
9~10岁(16人)	61	70
11~13岁(47人)	54	65
14~16岁(21人)	75	75

图4-1 每个年龄段儿童报告的对焦虑的积极/消极看法的百分比
(来自威尔逊,2008)

了解对焦虑的元认知的发展进程，也可以帮助我们更广泛地了解儿童的元认知。大多数儿童元认知的研究集中在学习、课堂策略和技能上，这些需要儿童关注那些如数学或语言等非情绪化的主题。当元认知的过程涉及情绪或涉及像烦恼、忧虑和焦虑这些"热点"话题时，人们对元认知究竟是如何变化的其实知之甚少。似乎那些对焦虑有着更强烈情感的看法比积极看法会出现得更早，并催发了问题性焦虑。这些情感强烈的看法也包括"焦虑会伤害你和干扰你的生活"的消极看法。而对焦虑的积极看法在青春期后期和成年后的影响更大。如果是这样，对于那些经常焦虑的人来说，对焦虑的积极看法代表了事后合理化焦虑的行为，而这适得其反地导致了焦虑的持续。这表明，早期干预可能有助于在一开始就阻止问题性焦虑的发展。

认知回避/经验性回避

认知回避（cognitive avoidance）[①]在两种成人广泛性焦虑症/忧虑理论中起着关键作用：博尔科韦茨及其同事开发的焦虑回避模型，以及杜加斯及其同事开发的无法忍受不确定性的广泛性焦虑症/忧虑模型。在博尔科韦茨的模型中，焦虑本身就是一种回避策略。

---

① 指个体为了避免闯入性思维所引起的消极情绪而采用的回避策略，如思维压抑、转移注意力和思维替代。——译者注

第4章 当儿童的焦虑成为问题

通过口头上表达焦虑，情绪反应就得到了抑制，从而避免了负面情绪的出现。在杜加斯的模型中，额外的策略如转移注意力、思维替代和思维压抑，以及焦虑本身都被用以避免情绪的认知唤起。许多研究支持了成人的认知回避和焦虑之间的联系，还有一些研究显示，在广泛性焦虑症的有效治疗中认知回避的行为会减少。

经验性回避（experiential avoidance）[①]是广泛性焦虑症接纳模型中的特点。在这个模型中，患有广泛性焦虑症的成年人在处理自己的内部经验[②]上存在问题，因此这些成年人不仅会回避自己的认知或认知唤起，还会回避这些内部经验的几个不同方面。由于这个模型相对较新，支持这一因素与广泛性焦虑症之间关系的经验性证据较少。尽管如此，研究确实表明，与没有焦虑症的人相比，广泛性焦虑症患者的经验性回避更高，而且这样的回避与焦虑水平相关。此外，跨文化研究也表明，经验性回避在各种文化中都具有关联性，并且在各种文化中可能与焦虑也有着相似的关系。

在对儿童的研究中，有一些研究对认知回避和焦虑进行了探索。其中最早的研究发现，焦虑和认知回避之间有着明显的关联，那些焦虑水平较高的年轻人也报告了更高的认知回避水平。在这些早期研究面世后，研究者们也一直不遗余力地探索焦虑、认知回避

---

① 试图去避免、摆脱、压抑或者逃离不想要的个人经验。——译者注
② 指观察自己心灵的内部活动或心理活动所获得的经验。——译者注

和其他因素之间的关系。一项 2012 年的研究发现，认知回避与年轻人的焦虑和忧虑情绪有关，但是忧虑情绪是促成认知回避和儿童焦虑之间关系的媒介。多诺万及其同事从一些研究中发现，被诊断为广泛性焦虑症的儿童比没有该病症的儿童有着更高的认知回避度。他们还发现，认知回避预示着焦虑的出现，并且父母的焦虑和认知回避也都预示了儿童认知回避的出现。这一小部分研究表明认知回避对我们理解病态焦虑很重要。与更宽泛地看待焦虑相比，理解认知回避可能是理解焦虑的一个特定过程。

相比之下，到目前为止，还没有关于年轻人群的经验性回避和焦虑的研究。很多证据表明，经验性回避在年轻人的其他类型的烦恼（如压力、社交恐惧症和创伤）的发展和维持中非常重要。这些关于经验性回避的文献表明，它常常在生活事件或气质①因素和焦虑症状带来的结果之间起到媒介作用。因此，不仅要测试高度焦虑的儿童和青少年是否报告了更高水平的经验性回避，而且还要测试这种回避是否在生活事件、气质和后续而来的焦虑之间的关系上起到媒介作用。

下文将讨论、探索对情绪体验进行回避的具体研究。

---

① 表现在心理活动的强度、速度、灵活性与指向性等方面的一种稳定的心理特征。气质差异是先天的，受神经系统活动过程制约。——译者注

第4章 当儿童的焦虑成为问题

管理困难或情绪的策略中的问题

如第1章所述，对解决问题的需求是产生焦虑的关键驱动力之一。因此，临床和非临床研究人员都试图探索与焦虑有关的问题解决方式。在杜加斯的模型中，消极问题取向（NPO）包括四个不同的组成部分：对问题解决缺乏信心、偏向于将所有问题视为威胁、对问题解决的结果持悲观态度，以及在问题解决中感到沮丧。在成年人中，被诊断为广泛性焦虑症的人和病态焦虑分数高的人身上都出现了较明显的消极问题解决取向，而消极问题取向也可以用于预测患者的广泛性焦虑症的严重程度。

许多研究已经对消极问题取向的整体概念进行了探讨，但在儿童身上的研究结果尚不明确。一些研究人员发现，患有广泛性焦虑症的儿童比没有广泛性焦虑症的儿童有更高的消极问题取向，并且消极问题取向可以预测社区样本中的焦虑。但其他研究也发现，当将"无法忍受不确定性模型"的所有不同方面都考虑在内时，消极问题取向并不能单独地预测焦虑或广泛性焦虑症症状，并且大多数作者得出结论——"无法忍受不确定性"在预测上有着更重要的作用。

然而广泛性焦虑症模型中并非只包含消极问题取向。博尔科韦茨及其同事提出，广泛性焦虑症患者在人际关系的问题解决上也存在缺陷。达韦及其同事在1994年的研究表明，造成困扰的不是问题解决本身，而是解决问题的信心，对儿童似乎也是如此（见第2章）。在广泛性焦虑症的元认知模型中，韦尔斯所提出的并不是普遍性的问题解决缺陷，而是一套用于管理那些会产生反作用的、令人厌恶的侵入性想法的策略。例如，韦尔斯发现，患有广泛性焦虑症的成年人更有可能选择将焦虑中的忧愁烦恼作为处理侵入性想法的策略，而且更有可能因为出现了侵入性想法而惩罚自己。这些管理惹人烦的侵入性想法的策略通常用思想控制问卷（thought control questionnaire，TCQ）来记录。这份问卷调查了人们可以用来管理侵入性想法的各种策略，从转移注意力和社会控制（与他人交谈），到重新评价看法、忧愁烦恼，还有惩罚行为。面向青少年的思想控制问卷有两个单独的改编版本，以便在年轻人群中探索这些有趣的策略。在2013年，有研究者将原始的思想控制问卷进行了改编，并应用于589名13～17岁的青少年样本中。他们发现有一点与成年人的问卷结果相似，即转移注意力、社会控制和重新评价看法是管理讨厌的侵入性想法时最常用的策略，但忧愁烦恼和惩罚这两个策略与焦虑、低落的情绪还有强迫想法之间的关系最为密切。另一些研究者则在2014年改编了思想控制问卷后，把它应用于212名12～18岁的青少年样本中。他们虽然没有报告不同策略的使用频率，但结果也发现忧愁烦恼和惩罚与焦虑、情绪低落和强迫想法有着最密切的关系。另一项研究也发现了与强迫想法相关的相似结果，即13～16岁的调查对象中最经常使用的策略是转移注意力和社会控制，而惩罚和忧愁烦恼则预示了强迫想法的出现。

我们试图在年龄较小的儿童中评估思想控制策略,因此改编了成人版思想控制问卷的语言,并专门探索了它们与焦虑的关系。马伦(Mullen)在179名8～13岁的儿童身上研究了思想控制策略。我们发现,思想控制问卷的五个子量表中有四个与忧愁烦恼、焦虑和强迫症明显相关,它们是:社会控制、忧愁烦恼、惩罚和重新评价。唯一与担忧和焦虑不相关的策略是转移注意力。有趣的是,转移注意力是管理不想要的侵入性想法最常用的策略,这表明在一般情况下,儿童和成年人都会被管理想法的适应性策略所吸引。麦金尼(McKinney)进一步探讨了年龄更小的儿童的思想控制策略,邀请76名5～11岁的儿童完成了一个使用视觉提示的改编版思想控制问卷。在这个较年幼的年龄组中,思想控制策略和焦虑之间没有明显的联系。这些儿童也被要求报告他们自己管理不想要的侵入性想法的方法。除了报告了类似于儿童版思想控制问卷所询问的控制策略外,这些儿童还报告了一些其他策略,如坐立不安、退缩、大声说出自己的想法,以及刻意地让自己平静下来。这些儿童还报告了更多侵入性想法带来的后果,一些儿童报告说他们其实没有应对策略,于是他们不得不忍受不想要的、令人讨厌的情绪反应,并且他们觉得不可能总去做出回应(见图4–2)。

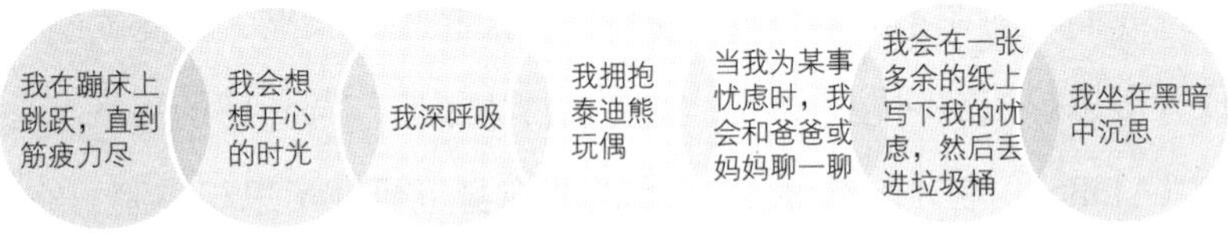

| 我在蹦床上跳跃，直到筋疲力尽 | 我会想想开心的时光 | 我深呼吸 | 我拥抱泰迪熊玩偶 | 当我为某事忧虑时，我会和爸爸或妈妈聊一聊 | 我会在一张多余的纸上写下我的忧虑，然后丢进垃圾桶 | 我坐在黑暗中沉思 |

图 4-2　由儿童报告的思想控制策略的例子（来自威尔逊，马伦等人）

为数不多的控制焦虑定性研究中也发现了这种缺乏策略的情况。尽管在青少年和低龄儿童的焦虑过程之间可能存在差异，但由于目前的研究太少，这一点尚无法得到证实。鉴于元认知过程大约从七岁开始出现，更年幼的儿童没有多样的策略来管理内部经验并不足为奇。因为他们才刚开始能完全意识到自己的想法和内部经验，所以要能够反思并选择管理这些经验的方法必须在这个年龄之后才能做到。在这个年龄段，儿童已经有了一套很好的策略来处理人际关系问题，但是他们也许尚未发展出相关策略来管理内在想法和情绪。

对于儿童所体验的令人开心的想法和令人厌恶的侵入性想法，以及由此他们所产生的看法，我们都知之甚少。进一步的研究不仅可以找出可能的办法来帮助有问题性焦虑的儿童，还可以帮助我们理解儿童是如何体验、联系并理解自己的内在世界的。

和内部经验的问题关系

在广泛性焦虑症模型中，和自身内部经验之间的问题关系是非

第4章 当儿童的焦虑成为问题

常重要的，这对发展也有重要意义。在整个童年时期，儿童必须了解自己的内部经验并且赋予其意义。通过这些经验以及与他人的互动，儿童就可以了解什么时候的内部经验是正常的或不正常的，并明白自己需要做些什么。在前文对焦虑看法的描述中已经提及了元认知发展，也有了大量的研究探讨了儿童对他人情绪的理解。然而关于儿童对自己情绪的理解的研究却少得多。一些对混杂情绪的有趣研究表明，在儿童自己经历混杂情绪前，他们已经能理解他人的混杂情绪。年幼的三岁儿童中，有超过50%的儿童能理解他人混合复杂的情绪。因此，这种在自己体验之前先理解他人内部经验的模式可能会影响儿童对自己内部经验的理解。

在广泛性焦虑症的情绪失调模型中，对情绪的消极反应源于对情绪的理解不足，这就导致了糟糕的情绪管理和调节。在这个模型中，不仅对情绪的感受更强烈，对于情绪的反应也是失常的，这就导致了问题持续存在。这些问题性的反应包括情绪回避和过度反应，在自我报告和观察/行为研究中都是如此。在这个模型中，对自己情绪的理解不足以及不知如何区分情绪成了理解焦虑和广泛性焦虑症的关键。

在广泛性焦虑症的接纳模型中，内在经验中的问题性关系被进一步划分为两个部分：对情绪体验的消极反应、与内部经验的融合。由于这些是相对较新的广泛性焦虑症模型，所以焦虑过程的证据较少。然而有证据表明，患有广泛性焦虑症的成年人更害怕情绪体验，而且在非临床的成年人对象中，对情绪的消极反应与广泛性焦虑症症状有关。

关于儿童与内部经验之间的问题关系的研究非常少。我们知道，高度焦虑水平的儿童可能对他人的情绪缺乏深刻理解，或者对情绪的运作缺乏有深度的一般性理解，同时还表现出较差的情绪调节功能。然而，也许是考虑到发展因素，研究才刚刚开始探索儿童对内部经验的感受和反应。我们虽然已经开始探索儿童对于自己焦虑的感受，但是对儿童对于自己其他内部经验的感受，我们则了解得不多。在一项旨在发展和验证这一问题的研究中，肯尼迪（Kennedy）和埃伦赖希-梅（Ehrenreich-May）在261名11~19岁青少年的样本中探索了青少年情绪回避策略量表（Avoidance Strategy Inventory for Adolescents）的心理测量特性。他们发现情绪回避有三个明确的维度：回避想法和感受、回避情绪表达，以及转移注意力。研究发现，除了转移注意力外的两种回避都能对焦虑测量的分数起到预测作用，但只有回避情绪表达能预测抑郁症的分数。在一项平行研究中，麦克马洪（McMahon）、杜安（Duane）和威尔逊询问了年轻人他们是如何应对令人不快的经历的，发现有不同类型的注意力转移方式。一些年轻人报告了非常积极的分散注意力的技巧，如与他人互动或积极地参与一项活动，而另一些年轻人则试图通过思考其他事情来分散自己的注意力。在这项研究中，虽然无法探讨不同类型的注意力转移与焦虑和抑郁水平之间的联系，但正如不同种类的回避与焦虑和抑郁都有关一样，注意力转移的某些方面很有可能以不同方式与焦虑和抑郁产生关联。

到了青春期时，焦虑程度较高的年轻人就会回避他们的内部经验。然而我们并不了解其中的因果关系：究竟是那些回避内部经验的年轻人有更多的焦虑问题，还是那些有更多焦虑的年轻人倾向于更多地回避他们的内部经验。除此之外，回避只是我们理解内部经验的一部分，要想确定年轻人是如何理解这些经验，以及为什么焦虑对于某些人来说会成为问题，则需要更多的研究。

强化的内部经验

肯尼迪和埃伦赖希－梅的研究表明，焦虑程度较高的年轻人更想避免他们的内部经验。这可能是因为这些内部经验更强烈，所以在体验时会感到更加难受。强调情绪体验的两个模型——情绪失调模型和广泛性焦虑症的接纳模型，都提出广泛性焦虑症的成年人有着被强化的内部经验或高唤醒度，这一观点也得到了研究支持。当把这一点应用于儿童和青少年时，研究还发现患有焦虑症的儿童有更强烈的情绪体验，这也许是由于杏仁核反应而得到了夸张化的效果。这种关系在非临床样本中也成立，即强烈的情绪与焦虑症状有关。然而，焦虑反应的强度并不能完全地解释焦虑，因为焦虑似乎

焦虑的孩子：关于儿童青少年焦虑问题的心理研究

是情绪调节任务中前额皮层和前扣带皮层[①]的活动不足所介导的。尽管如此，由于年幼儿童的杏仁核与大脑其他负责情感的部分之间的沟通和网络尚未发展，所以夸张的杏仁核反应可能是理解年幼儿童焦虑时一个有用的考虑因素。

对于儿童焦虑症发展和维持的系统性因素和环境因素的研究也发现焦虑与强烈的情感之间存在着一些有趣的关系。许韦格（Suveg）及其同事在2009年发现，正是频繁的情绪体验与强烈的躯体/情绪反应二者结合，能够对焦虑水平进行预测。此外，那些经历过强烈情感体验却不愿意表达出来的儿童有着较差的社交表现。不愿表达情绪可能是家庭模式的一部分：焦虑症儿童的父母可能更加不鼓励孩子对情绪进行讨论和表达，并且他们自己也更少谈论情绪。最近，一些研究者探讨了儿童和父母因素之间的相互影响。这项研究在106名患有焦虑症的9~14岁儿童样本中评估了儿童的情绪体验、他们的控制感和父母赋予他们的自主权。研究发现，当这些儿童自认控制力很低，而他们的父母却赋予他们自主权时，他们会表现出最高的情绪唤醒水平。还有迹象表明，当儿童认为自己控制力低下时，赋予自主权可能对他们的焦虑没有帮助，这与儿童对情绪的接纳程度低有关。

---

① 大脑扣带皮层的前部，与一些复杂的认知功能有关，如共情、冲动控制、情感和决策。——译者注

第 4 章 当儿童的焦虑成为问题

尽管已经存在相关研究,却少有文献在焦虑的背景下,特别是在儿童的焦虑和忧虑语境下对儿童情绪体验进行研究。虽然如此,仍有大量的文献针对基本的气质进行了讨论,包括体验感受的维度,这与后续而来的担忧和焦虑有关。其中有一个被称作"行为抑制"(BI)的气质因素可能是一个有用的概念,能帮我们理解早期强烈的情绪反应与后来出现的焦虑症之间的关系。"行为抑制"指的是面对威胁时,人们所产生的抑制行为反应的生物性倾向。这可能包括婴儿和儿童在面对新情况、陌生人,以及受到如嘈杂噪音、始料未及的行动或身体上面临的威胁等令人厌恶的刺激时,就会出现对情绪反应的抑制。高行为抑制气质的儿童与他人相处时,通常会表现出害羞和胆怯,因此有人认为行为抑制可能是日后包括恐慌症和社交恐惧症等焦虑症产生的风险因素。高行为抑制的婴儿被证明有着较高的心率和较低的心率变异性[①],这点与焦虑的儿童是相似的。此外,行为抑制似乎随着时间的推移也相对稳定。

尽管表现出行为抑制的儿童在面对新刺激时所做出的反应会稍显迟钝,但这些表现可能与其身上出现的更强烈的情绪反应是相呼应的。一些研究发现,高行为抑制的儿童和婴儿在面对威胁时有着更多的惊吓反应(见图4–3)。例如,四个月时在惊吓反应中表现

---

① 指每两次心跳间隔之间的差异。大的波动表明身体可以很好地控制自主神经系统,从而具备更多的活力。——译者注

出消极情绪和更活跃活动的婴儿,在九个月时受恐惧强化的惊吓反应会更强。

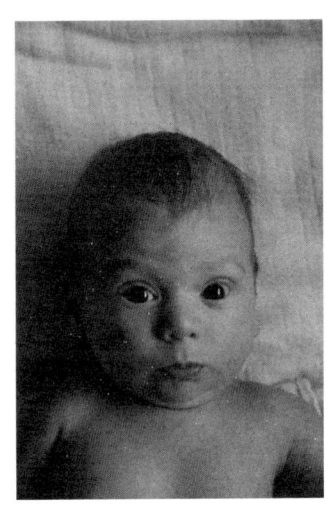

图4-3 受惊吓的婴儿

巴克(Barker)及其同事继续研究了行为抑制对之后产生的惊吓反应的影响。在他们的第一项研究中,他们发现高行为抑制的儿童比低行为抑制的儿童有更多、更快的惊吓反应。在一项后续研究中,他们发现七岁孩子身上的这种惊吓反应成了早期行为抑制和后来焦虑症状之间关联的媒介。那些在婴儿期有高行为抑制和七岁时有高惊吓反应的儿童,在九岁时更有可能出现高焦虑分数。该结果与特纳和贝德尔(Beidel)在1996年发布的报告结论一致。这篇报告提出的结论是:行为抑制的研究在方法上有许多困难,要想充分地了解其作用,我们就需要考虑系统和环境的因素。因此,尽管行为抑制可能在某些儿童的焦虑症发展中起到一定的作用,但它不大可能是主要原因。

话虽如此,行为抑制为这些婴儿早期所经历的强烈情绪体验之间提供了一种联系,童年时期增多的惊吓和减少的情绪表达能力都与日后的焦虑症发展有关。如前所述,糟糕的情绪表达能力或情绪调节策略可能是决定有行为抑制气质的儿童日后是否会发展出焦虑症的一些关键因素。

对不确定性的无法容忍

卡尔顿(Carleton)将"对不确定性的无法容忍"定义为:当某事件缺乏明显、关键或充分的信息时,会引发一种令人厌恶的反应,个人缺乏忍受该反应的能力,并且这种厌恶反应会在相关的不确定感作用下得以维持。

尽管存在着一个适用于焦虑的跨诊断结构,但在对广泛性焦虑症研究最多的一个模型中,对不确定性的无法容忍被视为广泛性焦虑症的核心组成部分。在这个模型中,焦虑被视为一种机制或策略,其目的在于以各种方式解决不确定性。解决方式包括思考众多可能的结果,或将不确定的经验转化为确定性的灾难性结果。对不确定性的无法容忍似乎在各种不同的文化中都存在,并以类似的方式与焦虑相关。在对其与焦虑相关性的最初研究中发现,患有广泛性焦虑症的成年人在对不确定性的无法容忍的测量中有着较高的得分。进一步的研究表明，广泛性焦虑症的成功治疗并不仅仅与对不确定性的低容忍度的减少有关，并且该容忍度的减少也增进了干预措施带来的影响。另外，尽管对不确定性的无法容忍有着跨诊断的作用，但其与广泛性焦虑症似乎有着特定的关系。因此，这些强有力的证据可以表明，对不确定性的无法容忍在我们理解成人的问题性焦虑方面具有重要作用，但对儿童来说是否也是如此呢？

儿童对不确定性的无法容忍

当前有许多研究已经探讨了儿童对不确定性的无法容忍能否预测焦虑。在关于年轻群体对不确定性的无法容忍的最早研究中，劳格森（Laugesen）及其同事发现，在528名14~18岁青少年的非参考样本中，对不确定性的无法容忍和焦虑之间有很强的相关性。事实上，在杜加斯的模型所提出的四个预测焦虑的变量中，对不确定性的无法容忍与焦虑显示出了最强的关联。在一项使用对不确定性的无法容忍的模型作为治疗基础的治疗试验中，佩恩（Payne）、博尔顿（Bolton）和佩林（Perrin）发现，7~17岁的儿童通过暴露和认知重组来解决对不确定性的无法容忍，之后他们的焦虑和其他广泛性焦虑症症状明显减少。因此，对不确定性的无法容忍在我们理解青少年的焦虑上扮演着重要的角色。这种重要角色也许解释了为什么近期针对儿童对不确定性的无法容忍的研究呈爆发式增长。奥斯曼阿奥卢（Osmanağaoğlu）、克雷斯韦尔和多德在2018年完成了一项关于对不确定性的无法容忍与儿童、青少年的焦虑和忧虑之间关系的元分析。该元分析发现，自劳格森研究以来，又有30项研究评估了对不确定性的无法容忍与焦虑和忧虑的关系。在这31项研究中，有10项是在第一项研究后的10年内完成的（2003—2013年），其余21项是在2014—2018年完成的。明显的发现是，对不确定性的无法容忍与焦虑和忧虑都有强而有力的关联。对不确定性的无法容忍与焦虑的平均效应量大小为 $r=0.6$，对不确定性的无法容忍与忧虑的平均效应量大小为 $r=0.63$。这些研究相对均匀地分布在不同的年龄组：7项研究的被试的平均年龄小于11岁，14项研究的被试的平均年龄为 11~14岁，10项研究的被试的平均年龄为15岁以上；但是年龄并没有被认为是关系的调节因素。尽管研究中存在相当大的异质性，但性别和研究类型并没有影响这种关系。因此结论是，对不确定性的无法容忍与年轻群体的焦虑和忧虑密切相关。然而这仅仅是了解其在儿童和青少年焦虑发展和维持中的作用的开始。作者指出，31项研究中的大多数是横向研究的，只有一项纵向研究和一项治疗试验符合元分析的纳入标准。纵向研究表明，焦虑和对不确定性的无法容忍之间的关系是双向的；而治疗试验表明对不确定性的无法容忍是可以被干预的，因此改变对不确定性的无法容忍就可以改变焦虑。

对不确定性的无法容忍也许是焦虑和广泛性焦虑症的核心过程的最佳候选者。有人认为，对不确定性的无法容忍在广泛性焦虑症中发挥了特定的作用,在焦虑中也发挥了普遍性的作用。如果情况真是如此,那么了解对不确定性的无法容忍和焦虑之间的重叠部分,以及了解这二者在童年和成年时期的发展,就可以显著地改善我们对童年焦虑的治疗。威姆斯(Weems)认为担忧和忧虑可能是所有焦虑症的一个潜在因素,行为抑制也被认为是一个潜在因素。而对不确定性的无法容忍可能是这些核心风险因素之间的一个联结,因此值得进一步评估。

依恋和曾经的创伤

本章要讨论的最后一个因素是依恋和童年创伤(也可参见第3章)。

广泛性焦虑症的回避模型是唯一提出"患有广泛性焦虑症和高焦虑水平的成年人更有可能在童年时经历过依恋相关的困难或创伤"观点的模型。卡西迪提出,与没有广泛性焦虑症的成年人相比,有广泛性焦虑症的成年人更可能产生不安全和无序的依恋,这种关联性得到了一些研究的支持。在第3章中讨论过的研究表明,这种关系可能也适用于儿童,但是目前的研究结果并不一致,并且依恋和问题性焦虑之间可能存在着包含其他变量的更复杂的关系。例如,父母的性别角色可能是重要因素。许多关于依恋的研究只关注母亲,有人认为不良的母子关系可能对儿童焦虑症的发展有着特

第 4 章 当儿童的焦虑成为问题

别重要的影响。但其实母亲和父亲都会发挥重要的角色，只是方式不同。事实上，范·艾克（Van Eijck）等人的研究强调了对依恋和广泛性焦虑症症状之间关系进行双向观察的重要性，以及评估儿童与父母二人之间的依恋的重要性。这项包含 1313 名青少年的大型纵向研究发现，父亲与青少年之间的依恋关系和广泛性焦虑症症状之间存在双向影响的关系；相反，母亲与青少年的依恋关系则只是受到青少年广泛性焦虑症症状的影响，并不会反向产生影响（见图 4-4）。这支持了第 3 章中讨论的一些研究，即尽管父母因素与童年的焦虑和忧虑之间存在着强有力的关联，但其中有一些是双向影响，有一些影响方向则与研究文献中提出的影响方向相反。

图 4-4 亲子依恋关系和青少年广泛性焦虑症症状之间的纵向影响方向（来自范·艾克等人的研究）

广泛性焦虑症模型：儿童和成年人的相似性与差异性

如果存在着经我们充分研究过的成年人广泛性焦虑症模型，那么我们就可以利用其中相同的因素来测试它们是否也与有着同样困扰的儿童存在相关性，这点是合理且毋庸置疑的。当我们研究广泛性焦虑症的成年人模型时，我们就会发现在针对儿童和成年人的研究中，虽然只有几个因素相较所提出的其他因素得到了更为充分的研究，但是我们仍可以从中得出一些临时的结论。

总体而言，一旦儿童进入青春期，这些成年人模型中的因素就会出现在他们身上，并且这些因素与焦虑和忧虑的关系在青少年身上是与成年人相似的。当我们看儿童的研究时，结果可能更令人困惑。从表面上看，即便是年龄很小的儿童也能够报告对焦虑的看法，他们可以反思自己的经历，并且也意识到自己必须管理那些讨厌的想法。尽管如此，这些核心经验似乎并不能可靠地反映其与问题性焦虑之间的相关性。在未来的研究中需要回答一个关键问题，要确定这些因素是否只是在维持问题性焦虑和广泛性焦虑症方面才有着重要作用，或者它们是否是使焦虑随时间推移变得更具问题性的风险因素。第6章中将提出一个观点：焦虑的体验是主要的，而诸如对焦虑的看法等其他因素则是经历并反思焦虑的结果。如果是这样的话，那么防止焦虑恶化和对有问题性焦虑的儿童进行干预就是两个不同的任务了。

其中还有一个可能不同的因素就是对不确定性的无法容忍。对不确定性的无法容忍似乎与幼年时期就出现的焦虑有着非常密切的关联。这也许是一个主要的候选气质因素，成了婴儿在生命早期对

第4章 当儿童的焦虑成为问题

不确定性的反应的基础。照顾者如何回应这些反应，很可能决定了不确定性对孩子来说会成为多大的问题，但这些回应可能与孩子内部的其他因素（如执行功能的能力和语言能力）以及外部因素（如生活事件）相互作用。成年人的问题性焦虑和广泛性焦虑症模型一般集中在个人内部因素上，因为这些因素往往是可被干预和治疗的。但如果忽视了这些个人内部因素与人们所生活其中的更为广泛的环境之间的相互作用，就是不明智的。

要想正确地理解儿童身上正常的担忧情绪和问题性焦虑，我们仍需要进行大量的研究以进一步测试这些重要的结构。目前只有少数的研究将有严重心理障碍和被诊断为焦虑症的儿童作为研究对象，而对于患有焦虑症的青少年的研究却明显不足。对于这些模型能否适用于不同的文化、不同的社会经济水平，以及是否对男孩和女孩都适用，目前也缺乏相关研究。使用社区样本和使用临床样本进行的研究之间似乎显示出类似的结果，但进一步的研究将帮我们确定成年人的问题性焦虑模型是否能真正帮助我们理解和治疗儿童的问题性焦虑。

第 5 章

儿童的焦虑情绪和心理障碍

UNDERSTANDING
CHILDREN'S
WORRY

第 5 章 儿童的焦虑情绪和心理障碍

焦虑情绪在我们对儿童心理障碍的理解中扮演着有趣的角色。焦虑情绪是广泛性焦虑症这种心理障碍的主要症状，同时也是分离焦虑症和恐慌症等其他焦虑症的诊断标准，它也被认为是所有焦虑症都包含的一种症状。但是近年来，人们愈加认识到焦虑在维持各种心理障碍症状上的影响：反刍思考和焦虑之间相重叠的部分表明，在抑郁症的语境下探索焦虑情绪是很重要的；研究人员同时也提出，焦虑可能对我们理解进食障碍、精神病和失眠也有所帮助。除了发挥着使特定的心理障碍持续的作用，焦虑还可能在某些病理过程（如慢性疼痛）中产生影响。最后，尽管焦虑在我们对于像自闭症谱系状态（ASC）和注意缺陷多动障碍（ADHD）等神经发育状态的理解上并没有扮演核心作用，但研究这些儿童群体身上的焦虑情绪也许能帮助我们对于焦虑的发展以及其在不同个体的痛苦上产生的影响有一个整体的了解。

本章首先将讨论焦虑情绪在不同焦虑症中的作用，从广泛性焦虑症谈起，接着探讨焦虑情绪在其他心理疾病中的作用，以及其对神经发展多样性儿童的不同影响。

儿童的广泛性焦虑症

为了理解目前对广泛性焦虑症的诊断标准及其与童年时期的相关性，我们需要先看看对广泛性焦虑症进行诊断的历史。在《精神障碍诊断与统计手册（第四版）》（*DSM-IV*）之前，儿童通常不会被诊断为广泛性焦虑症；相反，表现出"广泛和持续的焦虑或担忧"的儿童对应的是过度焦虑症（OAD）的诊断标准。在当时，过度焦虑症与广泛性焦虑症有着许多共同的标准，但对焦虑和忧虑情绪的关注较少，并且对于可能出现的症状有着更为广泛的描述，如寻求安慰、关注自己的能力，抱怨生理症状以及明显的紧张感。然而就诊断标准而言，过度焦虑症的问题在于缺乏确切性。关键症状的多样性，再加上对不切实际的、明显或过度诊断的依赖，意味着许多儿童可能会被认为符合过度焦虑症的标准。这招致了一些批评，认为这种诊断是相当没有意义的，也许只是将儿童的焦虑情绪笼统地表现出来。在《精神障碍诊断与统计手册（第三版）》（*DSM-III*）中对过度焦虑症的诊断标准明确指出，如果儿童符合广泛性焦虑症的诊断标准，那么就应被诊断为广泛性焦虑症，而不是过度焦虑症，这表明人们对于这两者的诊断之间的不同有着一定的理解。然而，随着《精神障碍诊断与统计手册（第四版）》的发展，过度焦虑症诊断中缺乏确切性和特异性成为一个问题。研究人员和临床医生显然需要一种既严格又能把握住对过度焦虑症的关键要素（即焦虑和担忧情绪）的诊断标准。广泛性焦虑症的诊断似乎符合这一要求。事实上，对儿童广泛性焦虑症诊断进行测试的研究发现，其诊断标准具有更高的特异性和敏感性。尽管如此，从过度焦虑症到广泛性焦虑症的转变确实微妙地改变了这种障碍的性质，因而符合该标准的儿童也随之改变。随着对成年人广泛性焦虑症的概念中焦虑和担忧情绪的关注，从发展角度来理解担忧和焦虑对于那些被诊断为广泛性焦虑症的儿童来说变得更加重要。话虽如此，我们对焦虑和担忧情绪以及对儿童广泛性焦虑症的理解，却没有太多进展。在青少年中，涉及维持担忧情绪的认知行为机制，即维持广泛性焦虑症症状的机制，似乎与成年人非常相似（见第4章）；但儿童的情况却非如此。儿童和青少年与成年人之间的差异可能会使广泛性焦虑症的诊断在低龄儿童中变得毫无意义，因此有必要重新考虑对过度焦虑症的诊断。

一些研究线索有助于我们发展这一看法。科斯特洛（Costello）、埃格（Egger）和安哥德（Angold）详细探讨了儿童心理障碍的流行病学，并对儿童焦虑进行了一些研究。通过使用大型流行病学数据库，他们已经能够对具有不同焦虑症症状的儿童进行现象学描述、探索共病症和发展结果。这些数据库几乎涵盖了诊断由过度焦虑症改变为广泛性焦虑症的时间段，但由于其中有对个别症状的记录，所以有可能回溯并确定哪些儿童符合过度焦虑症的标准，哪些儿童符合广泛性焦虑症的标准，以及哪些儿童符合两者的标准。首先值得注意的是，这两者之间并不存在大量独特的重叠之处。在 67 名符合广泛性焦虑症或过度焦虑症标准但不符合抑郁症标准的儿童中，只有 12 名儿童同时符合两种疾病的标准。在符合过度焦虑症或广泛性焦虑症标准的儿童中有很大比例也符合抑郁症的标准，分别为 34% 和 42%。而在 182 名符合上述三种病症诊断标准中任何一项的儿童中，实则有 30 名儿童符合所有三项标准。第二点需要注意的，也许是最重要的，是这些不同系列症状的发展结果。广泛性焦虑症的发病年龄比过度焦虑症小得多。此外，符合过度焦虑症诊断标准的儿童以后出现过度焦虑症、惊恐发作、抑郁症和品行障碍的风险会更高，而符合广泛性焦虑症诊断标准的儿童只有出现品行障碍的风险更高。这种纵向的流行病学方法表明，广泛性焦虑症和过度焦虑症可能最多只是描述了儿童中不同的症状群，而这些症状群可能与不同的现象描述有关。在临床上，这符合儿童对难以承受的焦虑的表现方式。对一些人来说，焦虑体验似乎主要是躯体性的，但几乎任何事情都可能触发焦虑。而对其他人来说，则有着明显的证据表明他们产生的是担忧情绪和认知偏差，并出现了明显的行为回避，这和你会在患有广泛性焦虑症的成年人身上所看到的几乎一样。从表面上看，这些表现都是类似的，如自我报告有糟糕的感受，寻求家人的安慰，以及回避朋友或以前喜欢的活动。

沙恩是一个 12 岁的孩子，他被诊断患有广泛性焦虑症。

沙恩的父母报告说，沙恩觉得所有的事情都让人难以承受。他们还说，即使在婴儿时期，沙恩对声音、气味、陌生人，以及不在父母身边和新的常规活动都有强烈的反应。这些情况随着他年龄的增长有所改变，但他总是对他所害怕的特定刺激有着强烈的情绪反应。沙恩在父母附近时会感到安心，而如果周围是一些喧哗或难以预测的人，他会倾向于远离那些人。沙恩谈到了自己的担忧和害怕，但他并没有意识到焦虑时自己的脑子里在想什么，他说他只是感觉很糟糕，需要离开。

同样是12岁的苏茜也被诊断患有广泛性焦虑症，她报告说她的脑子里总是充满了想法。她对吓唬她的事情没有什么反应，但这些事情会一直伴随着她，在她的脑海中萦绕不散。她想到了所有可能会出差错的事情，这让她感觉很糟糕。她与父母谈论她的烦恼，但这只在短时间内有所帮助。当她感到非常担忧时，她会躲避朋友，因为她觉得自己无法和他们说话。

研究和临床实践早已将过度焦虑症的诊断抛诸脑后，而倾向于广泛性焦虑症的诊断。然而，在这两种诊断之间存在的差异可能有助于我们了解担忧情绪对儿童焦虑症是否存在任何具体的影响。事实上，找到这些有趣的差异还可能会鼓励我们对个体症状进行跨诊断的思考，而不是仅仅关注不同的诊断。

焦虑的孩子：关于儿童青少年焦虑问题的心理研究

童年焦虑中的忧思愁绪

在科斯特洛、安哥德和埃格关于流行病学的工作中，他们对不同的心理障碍做出了区分，提出以焦虑担忧情绪为基础的心理障碍与海马体的功能有关；特定恐惧症和创伤反应则是由杏仁核功能控制；而像恐慌症和强迫障碍等非条件性恐惧障碍的生物途径则是经由脑干和下丘脑产生的。他们认为，从诊断标准和所观察到的共病情况来看，不同疾病之间的重叠可能说明不同的焦虑症在童年时期也许并不存在人们所认为的区别。威姆斯更进一步地提出了一个焦虑症症状连续性和变化的模型，该模型解释了儿童时期焦虑症的共病性，以及缺乏同型连续性的特点。威姆斯提出，所有焦虑症的本质都是一种适应不良的焦虑反应，由于这种失调的反应才会导致痛苦。他认为，这些失调反应代表了焦虑症的核心特征，而用以区分不同焦虑症的特征则是次要的。焦虑症的次要特征可能可以与正常成长发育中的恐惧、忧虑和担忧情绪联系起来（见第2章），因此这些情绪并不能代表不同的障碍，而只能说更可能是引发焦虑反应的不同刺激源。

在研究不同焦虑症的不同模型时也可以发现这一点。我们已经看到，元认知过程和对不确定性的无法容忍似乎是适用于不同焦虑症的跨诊断标准（见第4章）；同样地，父母的养育方式等系统性因素也看似会影响童年时期各种心理障碍的发展，其中也包括焦虑症（见第3章）。威姆斯的说法的独特之处在于，其将忧虑烦恼作

第5章 儿童的焦虑情绪和心理障碍

为焦虑的核心特征。考虑到我们在第2章中所看到的关于产生焦虑所需的认知技能，以及这些技能发展的年龄，儿童从幼年开始就能够、也确实会出现担忧和烦恼，这是说得通的。但我们也发现儿童在会说话之前就对焦虑有着不同的反应，因此如果说忧虑烦恼是一个无意识的初级心理过程，那么我们可能需要一个完全不同的焦虑模型来理解这一点（见第6章）。

有几项研究支持这一观点。威姆斯、西尔弗曼和拉·格瑞卡（La Greca）在2000年采访了一些患有广泛性焦虑症/过度焦虑症和特定恐惧症的儿童，以及一些没有心理障碍的儿童。他们发现，焦虑的频率和强度能将有心理障碍的儿童与没有心理障碍的儿童区分开来，但要找到有不同焦虑症的儿童之间焦虑的差异则要难得多。也有一些迹象表明，焦虑的强度可能可以将有焦虑症的儿童和有其他心理障碍的儿童区别开来，但这并不是一个强有力的影响因素。通过回顾相关文献，威尔逊声称是焦虑的强度将焦虑症患者与其他人区分开来。但这又引出了一个问题：焦虑的强度由哪些部分组成呢？以及为什么有些人的焦虑会比其他人来得更为强烈？强度是通过自我报告来评估的，即询问儿童他们的焦虑或烦恼有多严重。这似乎意味着那些焦虑达到一定程度，以致需要接受临床帮助的儿童会认为他们的焦虑更糟糕。我们还需要做更多的研究，才能确定是什么样的生理或心理因素导致我们将自己焦虑烦恼的体验视为"糟糕的"。答案也许是情绪或生理反应的强度；也许是我们对那些触发焦虑的刺激物的恐惧程度；也许是我们自己对于焦虑的看法（见第 4 章对于焦虑看法的研究）。

当我们研究比较不同焦虑症儿童的评估时，我们也发现几乎没有差异。赫恩（Hearn）等人在 2017 年探讨了患有社交恐惧症和广泛性焦虑症的 8~12 岁儿童与没有焦虑症的儿童在与焦虑相关的关键变量上的差异，包括对不确定性的无法容忍、对焦虑的消极和积极看法、认知回避和消极问题取向。尽管有焦虑症的儿童与没有焦虑症的儿童存在不同，但那些有季节性情感障碍（SAD）的儿童与有广泛性焦虑症的儿童之间没有明显的差异。

虽然对成年人而言，广泛性焦虑症主要是对焦虑和担忧情绪的诊断，但对儿童而言，广泛性焦虑症和其他焦虑症的诊断似乎没有什么大的区别。此外，要区分儿童时期不同焦虑症中出现的担忧情绪可能会非常困难。看来我们可能需要为年幼的儿童建立不同的分类系统，而担忧情绪可能是这种系统所依据的重要心理过程中的一个有力参与项。

儿童和青少年抑郁症和心理障碍中的焦虑

大多数焦虑症的平均发病年龄是在儿童期（12 岁之前），而抑郁症的平均发病年龄是在青少年时期，因此对焦虑和抑郁症的研究主要集中在青少年阶段。

尽管人们也对抑郁症中多次重复的消极思维感兴趣，但重点通常放在反刍思考而不是焦虑上。话虽如此，哪怕文献中研究者们尽力地将焦虑担忧和反刍思考区分开来，但在人们的经验中却很难完全做到这点。反刍思考通常被认为是对自我的重复性思考，尤其是集中在对自身的负面想法上，而焦虑担忧则是对未来可能结果的重复性负面思考。正常的反刍思考和病态的反刍思考也被区分开来，正常的反刍思考有时被表述为忧思和内省。忧思包括被动地关注症状和曾经的失败，而内省则包括主动地洞察这些问题。这种区别也反映在了正常和病态的焦虑之中，正常焦虑将注意力集中在问题的解决上，而病态焦虑并没有解决问题，反而使问题维持。从患者对重复性消极思考的报告中可以看出，抑郁症患者既会忧心烦恼也会反刍思考，而且两者会互相影响。焦虑的人也同样会忧心和反刍思考，两者之间也存在着互动。另外，在贝克所假设的抑郁认知三角中，对自我、未来和世界的负面认知是所有情绪障碍的关键因素，因此可以得出"对未来的负面看法是使抑郁症得以维持的重要因素"的假设。

一些研究旨在确定焦虑情绪和反刍思考之间是否存在症状的特异性，例如焦虑情绪可以预测焦虑症，而反刍思考可以预测抑郁症。这似乎是青年学生身上的情况，而一些研究发现年纪更轻的群体也是如此。但又有另一些研究却没有发现区别，也没有发现焦虑情绪或反刍思考能独立地预测焦虑和抑郁。因此，在理解青少年抑郁症的发病以及抑郁症的经历方面，只能说焦虑情绪似乎确实有一定的作用。福克（Folk）等人在 2014 年发现，在一个高危青少年样本中，不良的焦虑情绪调节会预示着后来的焦虑症状，而对焦虑情绪的不当处理则预示了后来的抑郁症状。此外，克莱曼斯基（Klemanski）等人在 2017 年招募了一些被诊断为单一抑郁症或焦虑症的年轻人，还有一些同时患有两种症状的年轻人。那些只患有焦虑症的年轻人和只患有抑郁症的年轻人之间的焦虑担忧水平没有差异。然而，那些同时患有两种障碍的人的平均焦虑担忧水平则超过了上述两者的平均水平。如果焦虑情绪确实能预测抑郁症和焦虑症，那么这表明它是一个重要的跨诊断过程。不过，这也说明了如果我们将对于焦虑的临床研究局限在患有广泛性焦虑症的儿童和年轻人身上，那么我们对焦虑本身的理解也将被限制。

精神病中的焦虑

近期，有人提出焦虑是精神病的一个重要过程。关于焦虑在精神病中的作用的研究已经有很长的历史，弗里曼（Freeman）和加雷蒂（Garety）在 1999 年发现，被害妄想症患者有很高的焦虑水平，与焦虑症患者相当。此外，经历过妄想的成年人有着和焦虑症的成年人相似的焦虑情绪和对思想的控制，在那些经历妄想的研究对象身上，焦虑往往预示着妄想的痛苦。在这一令人惊讶的发现之后，同一作者继续发现有 68% 的被害妄想症患者的焦虑水平与广泛性焦虑症的成年人患者相似，并且焦虑情绪预示着妄想症会在三个月内不断持续。越来越多的证据表明，理解焦虑情绪有助于我们理解并帮助那些经历妄想症痛苦的人，因此开发一种焦虑干预措施来处理这一问题是合理之举。事实上，已有两项随机对照试验显示出在被害妄想症情况下治疗焦虑带来的良好效果。

当我们将这种理解应用于年轻人群时，我们发现该研究仍然处于起步阶段。虽然有些研究已经证实了青少年身上的妄想和焦虑之间的联系，但迄今为止只有一项研究在有精神病症状的年轻人中对焦虑进行了研究。伯德（Bird）等人在 2017 年对 33 名因妄想症而接受咨询的年轻人进行了跟进调查。各种各样的心理因素都预测了偏执的持续存在，但这些因素还包括了由宾州忧虑问卷测量而出的焦虑症状和担忧情绪。

因此，在理解某些精神病性症状所造成的痛苦时，焦虑情绪似乎是很重要的因素。由于这些症状在儿童时期并不常见，通常在青春期才开始，那么为了进一步了解这些症状，我们必须关注青春期的焦虑。到了青春期，对于焦虑和思考的看法更普遍地建立起来了（见第 4 章），因此有必要对有精神病经历的年轻人的焦虑过程进行调查。

进食障碍中的焦虑

尽管人们普遍认为，所有女孩都会担心自己的体重、体型和外表，但在对青少年焦虑的研究中，这些烦恼项往往排在对学校、成就和职业的焦虑之后，那些高焦虑风险的青少年和年轻人还会担心钱。尽管相关研究较为模棱两可，且大多是横向研究，但是对体型和体重的焦虑是理解进食障碍的关键，而日渐增多的社交媒体接触可能会加重这类焦虑，对于体型、体重和个人外表的焦虑显然是进食障碍的一部分，而且可能在进食障碍出现之前就已发生，但它们之间的关系尚不明确。

与儿童期和青春期早期相比，进食障碍的诊断更常在青春期晚期出现，在 13 岁之前完全被诊断为饮食障碍更是非常罕见的。因此，对焦虑和进食障碍的研究表明，焦虑障碍（通常在 13 岁之前被诊断出来）可能是后来进食障碍的一个风险因素，而不是后者是前者的风险因素，这也许并不奇怪。当我们把注意力集中在焦虑和担忧情绪上时，也会发现类似的结果。患有进食障碍的年轻女性被证实一直有着较高的焦虑水平，而焦虑水平也与更强的进食障碍症状相关。很少有研究对这些关联进行纵向的探索，但在萨拉（Sala）和莱文森（Levinson）2016 年的一项研究中，他们发现焦虑情绪确实可以预测一段时间内的进食障碍症状，但这种前瞻性的关联可能并不普遍。在他们对 300 名年轻女性的研究中，焦虑预测了两个月和六个月后出现的追求纤瘦身材的动力,却没有预测出贪食症或对身材的不满。此外,追求纤瘦身材的动力并不能预测后续而来的焦虑。正如对偏执或妄想的预测一样,担忧情绪所能预测的特定类型的经验、信念和行为,可能与更普遍的焦虑所能预测的不同。对这些关系的进一步探索可能有助于我们理解焦虑和担忧情绪在更广泛压力中的作用。

到目前为止,还没有任何研究探讨过年轻群体的焦虑和进食障碍之间的关系。但是一些关于焦虑和进食障碍发展之间具体关系的新证据表明,进一步了解儿童和青少年时期的焦虑和担忧情绪,以及了解该如何帮助有问题性焦虑的年轻人,就有可能预防进食障碍的发生。

失眠症中的焦虑

焦虑一直以来都是我们理解失眠的一个重要因素。在哈维(Harvey)于2002年提出的失眠症认知行为模型中,对睡眠的焦虑是清醒和痛苦两种感受循环反复出现的起点。这一认知促使了对失眠的具体干预措施的提出,即"失眠的认知行为疗法"(CBT-I),其在一些试验中显示有效性。然而,最近的研究对于与睡眠质量有关的消极看法提出了质疑。在一项针对失眠的成年人的研究中,卡尼（Carney）等人在 2010 年发现，影响睡眠质量的不是焦虑，而是反刍思考。这与大多数研究所认为的焦虑与睡眠质量有关形成了鲜明的对比。众多文献似乎将对睡眠的焦虑、夜间焦虑、一般性焦虑和日间焦虑进行了区分，其中每一种焦虑情绪都在失眠中发挥了不同的作用。在对社区样本中那些焦虑程度高的或有失眠症的人群的研究中，一般性焦虑和日间的焦虑烦恼似乎与主观上的睡眠质量有关，而夜间的焦虑烦恼和对睡眠本身的焦虑则似乎与客观的睡眠测量相关。还有一些研究则探讨了睡眠和焦虑二者关系中可能的影响因素或互动因素。睡眠不足似乎可能会影响集中注意力的能力，随后还会增加焦虑水平，而高焦虑水平可能会和心率变异性等先天因素相互作用，从而导致睡眠质量不佳。这也可能与对研究被试的挑选有关。在 2016 年一项对 53 名被选为高或低水平焦虑者的学生的研究中，麦高恩（McGowan）、贝哈尔和卢曼（Luhmann）发现，焦虑情绪预测了高焦虑特质者的睡眠障碍，而不是说出现睡眠障碍的人才有高焦虑值。2015 年，蒂尔施（Thielsch）等人的研究在 56 名被诊断为广泛性焦虑症的成年人身上发现，其睡眠质量和焦虑之间存在双向关系。这表明，焦虑水平和睡眠质量之间的双向关系可能要随着时间推移才得以发展。通过探索儿童时期的这些关联，我们也许能够确定哪个才是更主要的影响因素。

从学龄前儿童到青少年阶段的后期，焦虑和睡眠之间也存在着稳固的关联，但是产生影响的方向在各年龄组尚不明确。罗伯茨（Roberts）和董（Duong）2017年在对社区样本中的青少年进行纵向研究后发现，睡眠障碍会影响后来产生的焦虑，阿尔瓦罗（Alvaro）、罗伯茨和哈里斯（Harris）2014年在相似群体中发现，失眠可以预测广泛性焦虑症，反之却不然。与上述结果相反的是，沙纳汉（Shanahan）等人在2014年通过使用流行病学数据库，对9～16岁儿童和青少年的睡眠和焦虑症之间的关系进行了探索，发现广泛性焦虑症和睡眠障碍之间存在双向关系。横向研究则对那些可能影响焦虑和烦恼之间关系的心理因素进行了探讨，发现其中对于睡眠的消极看法、对不确定性的无法容忍和灾难化思维等因素都在我们理解焦虑和睡眠的相互作用中发挥了作用。布莱克（Blake）及其同事在2018年提出了一个关于青少年时期焦虑、抑郁和睡眠之间关联性的生物-心理-社会模型。这个模型涉及了一些在青春期特别重要的因素，例如睡眠结构和中脑边缘系统失调中的生物变化、社交互动的重要性（特别是存在障碍的社交互动）以及父母的作用，这些因素会与睡前行为和认知等心理因素以及执行功能障碍相互作用，从而使睡眠障碍和内化性精神障碍之间产生明显的重叠之处。尽管治疗失眠的认知行为疗法（即"失眠的认知行为疗法"）似乎对青少年有效，但与之相关的高质量研究却很少，同时也缺乏测量睡眠质量的标准化方法，且鲜有研究使用后续评估来测试该疗法的耐久性。此外，在实施对失眠的干预措施时可能会遇到巨大阻碍，这表明需要进一步地研究干预措施是如何同时针对焦虑和睡眠障碍进行作用的。

斯蒂芙是一名成绩优异的高中生。她在学校表现良好，勤奋努力，有几个好朋友，还有一些她乐在其中的爱好。她早年曾是一个焦虑的孩子，不过她发现自己能很好地专注于学业，这将分散她对任何烦心事的注意力。但问题是斯蒂芙已经开始睡不好觉了，每当她在夜里醒来时，她就会开始思考她在学校要做的事，还会想如果自己做不好，将会有什么后果。一旦她发现自己有这样的想法，她往往就会开始为自己的焦虑而感到担忧。她会认为这意味着她再也睡不着了，而如果她睡不着，第二天就再也无法在学校里集中精神。斯蒂芙常常发现这些想法会在脑中萦绕不散，直到凌晨。

疼痛中的焦虑

　　经历疼痛是儿童和青少年时期的另一种正常现象，但也可能发展为一种病态。据估计，高达 25% 的儿童和青少年经历过慢性疼痛，却很少有人为此去寻求或接受帮助，直到疼痛严重地影响了他们的日常生活。众所周知，焦虑与年轻人群和老年人群的疼痛有关，而且它可能是促使他们寻求帮助的因素之一。焦虑和疼痛的合并症状则与儿童较差的社交能力和身体机能有关，但焦虑对这些后果所发挥的具体决定性作用尚不明确。只有少量的研究针对儿

第 5 章　儿童的焦虑情绪和心理障碍

童和青少年对疼痛的焦虑进行讨论。在一项针对有慢性疼痛症状的年轻人的研究中，西蒙斯（Simons）、西贝格（Sieberg）和刘易斯·克拉尔（Lewis Claar）通过修订版儿童焦虑表现量表进行测量后发现，经常出现疼痛的儿童和青少年的焦虑水平呈升高趋势，并且高水平的焦虑会和疼痛相关的残疾产生关联。在一项针对儿童群体的研究中，武尔姆（Wurm）等人在 2018 年发现，焦虑在早期同辈相关压力和之后出现的肌肉骨骼疼痛之间架起了桥梁。这些定量研究表明，焦虑在疼痛和与疼痛相关的残疾的发展中发挥了作用，但当我们对儿童焦虑的内容和频率进行检视时，可能会发现其中有不同的作用模式。费希尔（Fisher）、基奥（Keogh）和埃克斯顿（Eccleston）于 2017 年在一项关于疼痛的日志研究中发现，那些经历慢性疼痛且年龄较大的青少年（16～18 岁）并没有报告更多的焦虑，其焦虑的内容也和没有经历疼痛的青少年的基本相似。

然而，埃克斯顿等人在 2012 年指出，焦虑的过程中可能有一些重要方面与疼痛中所发现的心理机制相类似。焦虑和疼痛中的一个相似过程可能就是灾难化。正如第 2 章所描述的，灾难化是使得正常普通焦虑变为问题性焦虑的机制之一。灾难化是一个思考过程，通过对未来可能出现的负面现象进行思考，就可能导致人们开始考虑可能出现的最坏情况。在焦虑中，灾难化会导致负面情绪增多，并使焦虑持续存在。而对疼痛的灾难化在经历慢性疼痛的年轻人中很常见，这是一个以夸张的方式对疼痛及其后果产生极为负面的评价的过程。疼痛灾难化已被证明与疼痛严重程度、焦虑、抑郁以及与疼痛相关的残疾有关。然而，目前还不清楚可能是什么过程联系起了焦虑灾难化和疼痛灾难化。

赫弗南（Heffernan）等人在2020年采访了12名患有慢性疼痛的12～17岁青少年，了解他们的焦虑和疼痛体验。采访中，焦虑被描述为一种涟漪效应——从细微处开始，之后如涟漪般逐渐扩散至其他焦虑和身体体验之中。相比之下，疼痛的重点在于不确定性。其中有日常的不确定性，因为年轻人不知道自己每天会受到疼痛怎样的影响；也有长期的不确定性，因为诊断结果和治疗有效性也是不确定的。有趣的是，只有在对年轻人进行具体的询问时，疼痛灾难化的叙述才会出现，并且也没有发现疼痛中的灾难化思维和焦虑相关的灾难化思维有所关联。

在一个关于焦虑和疼痛展开的混合方法平行研究中，我们向90名年龄在14～19岁的年轻人提出了类似的问题。尽管年轻人的焦虑并不存在数量上的差异，但这在经历过慢性疼痛和没有经历过慢性疼痛的年轻人之间确实出现了质的差别。他们焦虑烦恼的内容非常相似，都集中在对社会关系、考试成绩和自己与家人健康的关注上。但有慢性疼痛问题的年轻人所焦虑的内容有微妙的不同，这些典型的焦虑内容与疼痛和慢性疾病有关。在这个较大的样本中，对疼痛、其持续时间和强度，以及疼痛起源的描述更为频繁。同样，在经历慢性疼痛的年轻人口中，对疼痛的起因以及每日情况的叙述都有着显著的不确定性。

可能原因是焦虑和疼痛是经由涉及双向关系的复杂机制联系在一起的。针对灾难化作为可能联系机制的研究最近才展开，而探索对不确定性的无法容忍也可能为探索焦虑和疼痛的联系机制带来曙光。但有一点可以确定的是，焦虑是经历疼痛的年轻人身上的一个重要现象，并且因这一现象引发了更多的负面结果。因此，更好地了解儿童时期的焦虑可能会有助于更好地理解疼痛。

自闭症谱系疾病中的焦虑

人们对自闭症谱系状态（ASC）中的焦虑现象越来越感兴趣，有人甚至认为焦虑可以构成这些状态的诊断标准。据估计，在患有自闭症的儿童和成年人中有多达40%的人有焦虑症，其中更是有相当一部分人有一种以上的焦虑症。目前还不清楚自闭症患者是否会出现特殊的焦虑症，或者其身上的焦虑症是否可能与一般的焦虑症不同。

人们对于自闭症患者所表现出的这种高度焦虑提出了许多解释，包括：社交困难导致社交恐惧症、感官上的敏感引发了更多的焦虑唤醒和恐惧，以及对同一性的需求招致了对不确定性的无法容忍。这项研究的有趣之处在于，尽管其中一些因素（如对不确定性的无法容忍）被发现对那些不在自闭症谱系上的人群的焦虑也很重要，但感觉敏感度等另一些因素则被严重忽视。

有一些原因可以说明焦虑情绪可能对自闭症患者而言尤其重要。首先，焦虑症是十分普遍的，借此推断焦虑情绪也很普遍。其次，不寻常的语言发展和不寻常的语言使用是自闭症谱系状态的主要特征。鉴于焦虑被定义为主要是与口头表达有关（文字），而非图像化（图片）的，因此有理由认为自闭症谱系患者中的焦虑可能是不同的。最后，由于对不确定性的无法容忍被认为是广泛性焦虑症的关键，而广泛性焦虑症又被认为是一种焦虑障碍，再加上事实上对不确定性的无法容忍对于理解自闭症患者也很重要，因此对于自闭症患者来说，焦虑和对不确定性的无法容忍可能以一种有趣的方式相互关联。

关于自闭症患者焦虑的研究出乎意料地少。塞蒂帕尼（Settipani）等人2012年在100名于大学焦虑症诊所就诊的儿童样本中探讨了不同的焦虑症诊断和不同的焦虑症状。在这100人中，有42人的自闭症谱系症状（不是诊断）加剧了。虽然不同类型焦虑症的流行程度在自闭症谱系症状加剧的群体和没有自闭症谱系状态的群体之间几乎没有显著的差异，但当我们对症状进行探索时，就会发现对人际关系的焦虑是能预测儿童自闭症谱系症状加剧的最佳因素。这就体现了焦虑，尤其是对人际关系的焦虑所具有的重要

第 5 章 儿童的焦虑情绪和心理障碍

性。在另一项关于自闭症谱系症状的研究中，列韦（Liew）等人在2015年探讨了自闭症谱系的特质和高度焦虑之间的影响路径。他们发现，在这两者之间架起桥梁的是日常生活中那些令人厌恶的感觉体验，这是感觉上的敏感性所带来的结果。

虽然这些研究表明焦虑在自闭症谱系状态中可能很重要，但研究者并没有招募被诊断为自闭症谱系的人群作为研究对象。黑尔（Hare）、格雷西（Gracey）和伍德在2016年对九名患有自闭症的成年人采取了经验取样法[①]，研究发现担忧烦恼是这些成年人所经历的最为普遍的想法，而且在焦虑时更容易出现。厄齐瓦吉安（Ozsivadjian）、诺特（Knott）和马贾蒂（Magiati）在2012年采访了自闭症儿童的父母，了解他们对自己孩子焦虑的看法。家长们的确报告说他们的孩子会焦虑，但对于口头焦虑的主要发现是：孩子们在叙述自己的焦虑和恐惧时存在着问题——有时是因为语言表达能力差，有时是因为找出恐惧或焦虑来源的能力不足。

鉴于父母报告说孩子们难以用语言表达焦虑，我们认为如果直接询问年轻人他们的焦虑，以此来看他们是否能用语言表达出焦虑并在被要求时进行反思，可能会是一件有趣的事。我们采访了27名患有自闭症的青少年和23名不在自闭症谱系上的青少年，了解

---

① 多次收集人们在较短时间内对生活中经历的事件的瞬时评估，并对其进行记录的一种方法。——译者注

了他们的焦虑经历。两组青少年都能描述他们的焦虑和担忧，描述中既包括焦虑的内容，也包括他们的焦虑体验。两组青少年的共同点是，他们都报告说自己的担忧烦恼没有焦虑那么强烈。一些自闭症患者确实体验到了担忧和焦虑的不同，担忧烦恼与反复思考有关，焦虑感受对他们而言则是一种身体上的体验，而其他被试除了强度区别外并没有体验到二者的不同。其中一个关键的区别在于那些最焦虑的青少年所体验到的焦虑的极端程度。那些具有最极端焦虑却不在自闭症谱系上的青少年报告了严重的焦虑体验，而具有最极端焦虑的自闭症青少年则报告了惊恐发作、因焦虑而自残，以及与焦虑相关的更大的身体机能影响等体验。此外，他们报告了更多焦虑的身体感觉，这表明敏感的感官以及对身体感觉的误解可能是引发更高焦虑水平的关键因素。

注意缺陷与多动障碍中的焦虑

传统上而言，与注意缺陷多动障碍患者一起工作的研究人员和临床医生对品行障碍和对立违抗性障碍等共病性的行为问题更感兴趣。这是情有可原的，因为注意缺陷多动障碍和这些行为问题同时出现的概率很大。但最近人们开始对注意缺陷多动障碍中的焦虑产生了兴趣。焦虑症和注意缺陷多动障碍的共病率也很显著，因此詹

第5章 儿童的焦虑情绪和心理障碍

森（Jensen）及其同事早在1997年就呼吁对注意缺陷多动障碍的两种注意力亚型（冲动型和焦虑型）进行区别诊断。这样的共病症值得引起我们的关注，因为研究表明具有高度焦虑和注意缺陷多动障碍症状的年轻人也会有着较差的社交技巧、较差的执行功能（EF）和较差的学习成绩；他们对药物治疗和认知行为疗法的反应也较差。对这种共病症的探索进一步表明，担忧情绪可能是患有注意缺陷多动障碍的儿童和成年人身上产生焦虑的一个重要方面。在一项对表现出明显多动症症状的学生的定性研究中，他们感到困难的关键因素之一就是对过去事件和当前状况的担忧烦恼，其特点并不是作为焦虑的反应，而是反复地考虑这些事。患有注意缺陷多动障碍的大学生和普通同龄人相比，哪怕实际成绩相似，前者对考试和考试成绩的焦虑和担忧也比同龄人更多，并且他们还会产生更多的侵入性思维、更多的元焦虑和社交焦虑。

虽然针对注意缺陷多动障碍儿童的研究较少，但那些研究也表明了焦虑和担忧情绪对这些孩子很重要。患注意缺陷多动障碍儿童的焦虑水平似乎和患焦虑症儿童一样强烈。如果我们将焦虑的多动症儿童和自闭症谱系儿童进行比较，我们会看到一个有趣的模式：与焦虑的自闭症谱系障碍儿童相比，焦虑的多动症儿童有更严重的担忧水平。尽管如此，这些焦虑的多动症儿童所报告的回避行为却比自闭症谱系障碍儿童更少。有人提出，由于行为抑制方面的问题，焦虑对多动症儿童而言可能是一个重要的因素。多动症儿童在执行功能，尤其是自我调节上也面临着困难。这些自我调节的困难可以在认知和情绪领域被发现。执行功能、注意缺陷多动障碍症状和焦虑之间可能存在着有趣的关系。我们知道焦虑会损害工作记忆，并且焦虑也是执行功能的一个重要组成部分。我们还知道，多动症年轻人的执行功能是受损的。因此，在注意力障碍和焦虑这两个领域都面临困难的儿童有着较差的表现也就不足为奇了，也许更令人担忧的是他们对药物治疗和谈话治疗的反应都较差。但是我们似乎可以对心理疗法进行调整，包括让父母参与到治疗之中，以此改善对这些儿童的治疗效果。

在多动症的背景下了解焦虑，可能有助于我们更好地理解认知发展的作用，特别是执行功能随着时间推移的发展；也能帮助我们理解认知发展对于年轻人出现焦虑问题风险的影响；并且探索新的途径来干预和预防多动症儿童和无多动症的儿童产生焦虑的负面结果。

焦虑的治疗

大多数对焦虑的干预都集中在对儿童广泛性焦虑症的治疗上，或者将对焦虑的治疗纳入对焦虑症儿童的一般认知行为疗法中。了解在儿童焦虑症背景下治疗焦虑的方法，对于确定这些类型的干预措施是否对其他心理障碍也有所帮助将具有重要意义。

广泛性焦虑症儿童的治疗

通常情况下，儿童焦虑症的治疗是通过一般的干预措施进行的，这些干预措施在一些单一案例、开放性实验、随机实验和元分析中都被证明是成功的。在最早的针对焦虑症儿童心理干预的随机对照实验中，肯德尔（1994）将47名儿童随机分为干预组和对照组。在9～13岁的儿童中，64%的人被初步诊断为过度焦虑症（见前面关于过度焦虑症和广泛性焦虑症之间关系的讨论），其余的人则被诊断为分离焦虑症或回避障碍。16次认知行为疗法的干预是成功的，64%接受干预的人在治疗后已不再符合诊断标准，而在等待列表对照组中只有5%。这个结果已经得到了多次的重复验证，一项元分析发现，对于没有自闭症谱系诊断的儿童，认知行为疗法对原发性焦虑症和合并焦虑症都有影响。单一案例设计表明，针对焦虑的通用认知行为疗法对广泛性焦虑症儿童有效，公开实验也有一样的结果；然而，目前还没有仅招募广泛性焦虑症儿童的随机实验来测试通用认知行为疗法的疗效。随着越来越多针对焦虑症儿童的认知行为疗法试验得到了良好的实施，我们就有机会通过结合的实验数据来探索具有特定诊断的儿童对治疗的反应究竟是好是坏。赫德森等人发现，广泛性焦虑症儿童对有广泛基础的家庭认知行为疗法的反应比社交恐惧症儿童好。沃特斯等人在2017年发现，广泛性焦虑症和社交恐惧症儿童在团体认知行为疗法项目中的治疗后表现比其他焦虑症儿童差。而随访发现，仅患有社交恐惧症的儿童在疗法中表现更差。因此，广泛性焦虑症儿童对家庭干预的反应可能比团体干预更好。但麦金农等人的研究并没有发现这一点。在对多组实验数据进行分析后，他们发现广泛性焦虑症儿童对个人、小组和父母主导的认知行为疗法有着同样好的反应。

尽管这些证据表明许多广泛性焦虑症儿童确实对普通认知行为疗法反应良好，但有一些儿童没有反应，也有一些儿童选择退出治疗或认为治疗不可接受。有人质疑，是否需要找出专门针对广泛性焦虑症的干预措施来满足广泛性焦虑症儿童的需求？迄今为止，有四项公开实验和两项随机实验以及一个系列案例对特别针对广泛性焦虑症的干预措施的有效性进行了测试。其中四项侧重于杜加斯的广泛性焦虑症模型，并将与不确定性相关的治疗纳入干预。佩恩、博尔顿和佩林在2011年对16名7～17岁的儿童进行了个人认知行为干预，重点是改变对不确定性的无法容忍，这主要是基于杜加斯及其同事开发的对成年人的干预措施。干预非常成功，有81%的儿童不再符合广泛性焦虑症的诊断标准。此外，80%的有并发症的儿童也得以康复。在一项后续的随机对照实验中也发现了类似的结果。在治疗期间，未接受治疗的等待列表中每个人都仍然符合广泛性焦虑症的诊断标准，但接受干预的人中有80%不再符合广泛性焦虑症的诊断标准。这种疗法的一个小组版本在治疗后并没有立即显示出其成功性，但好处在后续阶段不断地出现：治疗条件下有53%的儿童在治疗后不再符合诊断标准，而后续阶段不再符合诊断标准的比例则上升到100%。同样，在用于对照的等待列表中，没有一个儿童能摆脱原有的诊断。此外，治疗条件下有18%的儿童不再符合所有的焦虑症诊断标准，这其中半数人是在随访时发现不再符合诊断标准。与对照组相比，治疗组的焦虑水平和生活质量改善了更多。瓦隆德（Wahlund）等人在2019年通过向12名13～17岁的少年提供基于对不确定性无法容忍的认知行为疗法，来对这些发现进行了更进一步的扩展。这些少年在广泛性焦虑症或社交恐惧症的情况下出现了忧虑烦恼过度的情况。干预疗法在减少忧虑、焦虑、抑郁和对不确定性的无法容忍方面是成功的，经评估大约有60%的少年有了很大或非常大的改善。然而，与患有季节性情感障碍的年轻人相比，干预措施对患有广泛性焦虑症的年轻人似乎会产生更积极的影响。

这样看来，将对不确定性的容忍纳入治疗似乎能给患有广泛性焦虑症的儿童带来积极的治疗效果。要确定治疗焦虑时这种特定的方式是否比一般的认知行为疗法更加有效，或者是对某些儿童更有效或更容易为某些儿童所接受，显然还需要进行实验。

正如前文提到的，还有其他成人广泛性焦虑症模型推进了成年人焦虑的治疗和干预，这些也可能适用于儿童。埃斯比约恩及其同事将韦尔斯的元认知疗法进行了改编，用在44名7～14岁的儿童身上。在这个为期八个疗程的小组治疗中，儿童会在八周内参加每次两小时的课程，而家长则参加两个研讨会。干预措施包括注意力训练、正念练习和对元认知信念的挑战。这种方法也被证明与认知行为疗法一样有效，在一项公开试验中，有86.4%的儿童在治疗后摆脱了他们的广泛性焦虑症，73%的儿童摆脱了所有的焦虑症，在随访中摆脱这些症状的人数则分别略微减少至75%和66%。马尔（Meagher）、切瑟（Chessor）和福利亚蒂（Fogliati）在2018年将基于广泛性焦虑症接纳模型的治疗方法应用在了过度焦虑者身上，结果试验并不那么成功，参加这个为期八周的小组治疗的11名儿童身上的担忧和焦虑水平只有很小的变化。然而，这些儿童并没有被诊断出患有焦虑症，而且其中一半的儿童所接受的干预措施里还包括了一个辅助心理教育的方式，这就使得整体结果解释起来更为复杂。

在一个规模虽小却前景良好的案例系列中，克莱门蒂（Clementi）和阿尔法诺（Alfano）在2014年将关注点更多地放在治疗的行为方面，并在考虑到焦虑和睡眠问题之间的重叠后，将睡眠干预也纳入了治疗之中（见前面的讨论）。在他们治疗的四个7~12岁的广泛性焦虑症患者中，有两个在治疗后便不再符合诊断标准，另外两人在之后的随访中也不再符合诊断标准。

这些实验表明，有针对性的干预对患有广泛性焦虑症的儿童非常有效，这样的干预方式也可能通过各种机制发挥作用。这些干预措施与一般的认知行为疗法相似，都涉及使儿童大量地暴露在其所害怕的后果中，以此让儿童在克服恐惧和焦虑时发挥主动积极的作用。这些措施都需要有一个富有同情心且满怀希望的治疗师参与其中，也需要父母在治疗过程中进行配合。我们需要进一步研究，以确定这些因素中哪些是促成改变的重要因素，借此我们能继续发展干预措施来帮助更多的孩子。

焦虑情绪的治疗

迄今为止，只有一项干预措施专注于年轻人的焦虑，而且这项干预措施的目的主要在于预防，而非针对有病态焦虑的年轻人进行治疗。

托佩尔（Topper）等人选择了一群年龄在 15 ~ 22 岁、有着高度重复性消极思维的年轻人作为干预对象。他们在干预中以焦虑中的忧思愁绪为干预目标，并在干预后观察重复性消极思维、焦虑和抑郁的症状自我报告，以及跟进观察一年后抑郁和广泛性焦虑症的发生率。这种基于焦虑中忧思愁绪的干预措施不仅降低了重复性消极思维、焦虑和抑郁的即时水平，而且还降低了一年后抑郁症和焦虑症的发生率。这表明，针对焦虑和忧虑的干预措施也许能有效地防止某些类型的心理障碍发展。这对年幼的儿童是否有同样的价值还有待观察，但这是一个非常有前景的干预措施。

关于不同心理障碍中的焦虑的结论

焦虑似乎不仅在焦虑症中出现，而是许多心理障碍中都有的体验之一。这点对成年人和儿童而言都是如此；然而由于焦虑在早期就开始发展，它似乎常常先于其他症状出现。回顾文献时，我们发现缺乏纵向的研究，因此只有少数的研究能表明焦虑先于其他的心理障碍出现。焦虑和其他症状之间的时间先后关系可能更为复杂：焦虑可能是人们对于其他心理障碍症状感到苦恼的原因之一；焦虑可能使生理上的唤醒增多，从而加剧身体不适、疼痛和幻觉等其他身体症状；焦虑可能使我们保持对其他症状的关注；焦虑也可能成为日后心理障碍中普遍脆弱性的一个代表，也许还代表了一些气质性因素。我们需要进一步研究，以更好地了解焦虑在其他心理障碍的前期和后续维持痛苦方面发挥了什么作用。我们还需要了解那些焦虑程度高的儿童身上发生了什么，他们是否会出现其他的心理障碍。了解这些儿童可能有助于我们在那些确实会发展出额外心理困难的儿童中培养耐挫力。最后，我们需要考虑这些关系在不同的儿童群体中是否都成立。

我们对不同类型心理障碍中焦虑的表现还有很多不解之处，但我们假设焦虑的内容在不同类型的困难和障碍中会不同，如对疼痛的焦虑，对身体形象的焦虑和对社会评价的焦虑等，但是其中所涉及的焦虑过程可能是相似的。这些过程中可能会有一些独特的特

第 5 章 儿童的焦虑情绪和心理障碍

征，例如对不确定性的无法容忍可能对焦虑和疼痛体验很重要；不可控性或对不可控性的看法则会与对焦虑和抑郁的积极看法叠加；失眠中出现灾难化想法这一特征。了解这些过程的共同点将有助于我们确定如何在不同情况下最好地帮助高度焦虑的儿童。鉴于我们对团体工作特点的了解，如果不同类型中存在着共同点，那么我们就能将面临不同类型困难和障碍的儿童纳入团体工作，这可能会卓有成效。

因此，这些研究对治疗有重大意义；鉴于焦虑似乎对其他种类的心理障碍的长期结果有负面影响，所以当我们在评估这些障碍时，我们可能需要对焦虑进行评估，并确定针对焦虑的干预是不是可接受的、可取的和有效的（就像对精神病的干预一样）。此外，更好地了解认知过程中的注意力、偏见和童年焦虑所涉及的记忆等因素，对于探索我们在预防方案或干预措施中能否有效地针对焦虑进行治疗而言至关重要。

一般来说，我们可能需要更多策略来专门针对焦虑中的担忧情绪，特别是其中的回避行为，而不是只应对普通的焦虑。大多数干预措施都没有包括很多直接有助于解决焦虑担忧情绪的策略；它们针对的是问题的其他方面。我们需要开发这些直接解决焦虑担忧情绪的策略，或者测试那些应该有助于解决焦虑和忧虑的策略，看看它们是否真的有用（见图 5-1）。

焦虑的孩子：关于儿童青少年焦虑问题的心理研究

儿童口中的焦虑

儿童在焦虑些什么

- 与人交谈或参与小组/课堂讨论
- 我将做什么职业
- 我有时担心考试不及格
- 我担心洪水或是地震发生时，会有很多人死去
- 我担心家人生病之后会不会去世
- 我不担心自己，我担心的是别人
- 别人是怎么看待我的
- 如果我和别人起了争执怎么办

儿童感受到的焦虑是什么样的

- 我可以感觉到焦虑就像气泡一样在我胸腔里不停涌动
- 我的脑中一直有担忧的想法，以至于我无法考虑别的事情
- 我的思绪开始扩散到四面八方，所以真的难以专注在一件事情上
- 仿佛有什么东西一直压迫着我的大脑，这让我觉得不舒服
- 我的大脑承受了大部分忧虑带来的痛苦
- 就好像在我的脑海里出现了一些画面，里面是一切可能发生的事情和一切可能出错的事情。我从来都想不到事情顺利的模样，总是去想可能会做错的部分
- 你会感觉它们不断向你靠近，而你身处一个盒子里面，盒子外是你的希望、自由、快乐，还有你的未来。但是你觉得自己根本无法逃脱
- 这是一种有点让人丧失信心的感受，就像是你不再那么相信自己了

儿童如何看待焦虑

- 有时候（焦虑）让你进行思考，就像让大脑保持清醒的状态
- 当你焦虑时，你可能没办法去思考别的事情
- 焦虑嘛……你知道的……可以帮助你提升，然后行动起来
- 帮助我保持安全的状态
- 帮助你为可能出现的结果做好准备
- 焦虑让你晚上睡不着觉
- 焦虑绝对会导致压力和烦恼
- 焦虑使你在学校难以专心致志

图 5-1　儿童用自己的语言表达的焦虑

第 6 章

对焦虑的全新发展性理解

UNDERSTANDING
CHILDREN'S
WORRY

第 6 章 对焦虑的全新发展性理解

在前面的章节中，我们对儿童焦虑的理解仍有许多尚未解决的疑惑。其中许多问题都需要我们进一步的研究才能在理解上取得进展，但其他一些疑惑我们可以通过对儿童焦虑进行假设性的理解来获得新视角，例如对发展过程做出假设。本章旨在将一些关于儿童、青少年和成年时期焦虑的差异与相似性的关键观察进行整合，并提出对于儿童焦虑的全新发展性理解，这种理解是借鉴了发展、临床和神经心理学研究所形成的。

关键问题

第 1 章回顾了焦虑的定义。尽管人们希望对焦虑能有一个符合发展规律的理解，但这似乎并不存在。在探索那些理解成年人焦虑的关键方面时，我们发现儿童焦虑与成年人焦虑可能有着很大的差异。在第 1 章中，我们看到焦虑的情绪体验从童年到青春期发生了变化。在童年时期，焦虑与一系列的情绪体验相关。此外，焦虑的体验不是以语言为主，而更多借助了图像和将思维语言化的方式进行体验，体验时有明显且强烈的情感反应，并会引发回避行为，就如同遭遇恐惧时所预期会产生的反应那样。这并不是因为儿童不能区分恐惧和焦虑，而是因为他们对焦虑中担忧情绪的体验并不能和针对成年人的文献中所描述的语言过程相对应。焦虑的内容和功能也会随着时间的推移而发生变化，这反映了认知和自我反思过程的成熟程度。焦虑的内容与日常经验和抽象思维能力有关，而焦虑的功能从青春期开始就相当稳定，但也许随着年龄增长，焦虑的社会功能会有所减少。

在第 2 章中，我们看到目前对焦虑的理解中所涉及的个别过程，如考虑未来、反复思考和注意力控制，这些过程在生命早期就已经存在，但会在童年和青春期持续发展直到成年。尽管如此，它们与焦虑的关系可能会随着时间的推移而改变。随着认知和语言过程的发展，它们对焦虑的影响以及焦虑对它们的影响可能都会减少。就像我们在童年早期时发现的那样，当不同脑区之间的连接不太发达时，幼儿在做其他事情的同时产生焦虑的能力并不强，认知和注意力也会受到焦虑的影响。同样地，在语言和认知方面有困难的儿童可能不会那么早发展出言语性的焦虑。随着执行功能的增强，儿童可能会发现自己在执行其他任务的同时会自发产生焦虑，但自己也能更容易地控制焦虑。此时对焦虑的体验和控制可能开始被过度地排练，但与生命早期相比，此时他们所承担的认知负担可能更少。通过追踪焦虑在童年时期的发展轨迹，我们发现它似乎是

第6章 对焦虑的全新发展性理解

人类认知中不可避免的一个方面,因为我们看到在认知和语言产生跳跃性发展的年龄段,焦虑的内容和过程也出现了跳跃式的发展。

第3章概述了父母在儿童焦虑发展过程中所发挥的有限作用。尽管父母确实发挥了一些作用,但这些作用是有限的,而且可能只是更复杂的系统和过程中的一个部分而已。父母可能通过影响情绪的调节,从而在儿童焦虑的发展和维持方面发挥间接的作用,并且母亲和父亲的作用可能有所不同。当儿童成长为青少年时,他们对自主性的需求可能会使他们积极的追求和父母不同,因此在处理涉及焦虑过程之间的关系时可能会采取和父母不一样的方法。但是父母在焦虑的发展中可能还有着更为微妙的作用,养育的敏感期可能会影响孩子的焦虑,或者父母可能随着时间的推移在焦虑的治疗中产生影响。同样值得注意的一点是,父母和孩子之间许多的焦虑过程可能存在着双向关系:焦虑的孩子会影响父母的养育行为和认知,而父母则影响孩子的焦虑。

在了解了父母在儿童焦虑发展中的作用是有限的之后,第4章中概述了一些关于儿童自身焦虑过程的关键发现。研究发现,我们提出的问题性焦虑模型适用于青春期后期到成年阶段,但对于儿童而言却可能完全不适用。儿童能够产生对焦虑的看法,但是这些看法可能是对焦虑的事后反应,而不是使焦虑得以维持的原因。另一方面,对不确定性的无法容忍可能是一个主要的气质因素,会成为日后焦虑的风险因素之一。焦虑和担忧情绪本身可能是焦虑症,尤其是广泛性焦虑症的主要过程,而焦虑的结果是我们会在焦虑中看到其他认知偏见和信念。某些个体差异(如认知和言语能力),可能会将那些产生焦虑问题的儿童和那些没有焦虑问题的儿童区分开来,但造成区别的因素也可能是家庭或更为广泛的社会背景。事实上,问题性焦虑很可能是由多种因素造成的,而且其中所涉及的因素也会互相影响。

担忧情绪可能是焦虑的一个主要过程的想法,并在第 5 章中再次出现,文中明确提出,焦虑中的忧思愁绪对于所有类型的心理障碍而言都是一个前兆。一旦出现了其他的心理障碍,那么焦虑和这些障碍之间可能产生双向影响,但是由于焦虑开始得更早,它可以被视为障碍出现的一个重要前兆。焦虑是一个一般性的风险因素,来彰显心理障碍中其他造成困扰或脆弱的方面,或者由于其棘手的认知特性,可能还会发挥特定作用。

焦虑的发展过程:从婴儿期到青春期

传统上,焦虑被认为是和语言同时出现的,主要原因是焦虑被定义为一个语言过程。但是我们可以看到焦虑的前兆甚至比语言发展出现得更早。早期的担忧和烦恼并不能从焦虑情绪中单独分离出来,但可能到了童年的后期,焦虑就不会再如同恐惧体验那般强烈

第 6 章 对焦虑的全新发展性理解

了。我认为焦虑和恐惧对年幼的儿童来说是同样强烈的体验。事实上我的看法是，要想让婴儿和年幼儿童将恐惧和焦虑作为两种可以分离的体验来进行区分是一件难事。尽管如此，我们还是可以将焦虑体验中的不同组成部分分别称为担忧情绪和恐惧，这是一种有效的区分方法。恐惧的成分能很好地反映在心跳加速、感觉热、想要流泪和激动这样的情绪体验上。而担忧的成分则是能很好地投射到认知和对事情的预判中。我们认为，对于更年幼的婴儿来说，这种预判才是焦虑的核心所在。即使在生命早期的惊吓反应中也有着个体差异。在面对巨大的噪音或不寻常的事件时，有的婴儿会做出行为和生理上的反应，有的则会通过肢体移动趋向或远离带有威胁的刺激物。不论是通过发现威胁来源并消除威胁，还是得到照顾者的安抚，如果威胁没能借此得到解决，婴儿就会更加迫切地寻找威胁来源以及能帮助自己的事物。这种反复地寻找威胁来源和寻求帮助的过程，可能就是我们之后看到的言语焦虑的最早表现。寻找能解决威胁的事物这件事很好地反映了焦虑的问题解决功能，这种功能在儿童时期出现，并在青春期和成年时期继续发展。但之前却没有人考虑过焦虑还具备一个找出威胁来源的功能。一旦你探索焦虑的内容，就有可能发现这方面的例子。焦虑的内容与解决问题的尝试是相互重叠的，因为焦虑的内容也代表了一个需要解决的问题，即"我在担心什么"。然而，与问题解决相比，焦虑的内容可能以不同的方式关联着不同的心理过程。例如，问题解决是一种考虑自己在面对威胁时可能采取什么行动的思考过程，在无法容忍不确定性的情况下，儿童（或成年人）会试图通过理解那些自己厌恶的感受来找到应对方法，因此所产生的不安感就会引发焦虑。此时，问题解决的方法之一就是找出不安感的来源，并判断该来源是否会造成威胁。一旦一个人有了焦虑的历史，那么在焦虑情况下理解这些令人厌恶的感受就会是更复杂的过程，也会更多地受到童年时就留下的核心看法的影响。但是在幼年时期，理解这些感受可能更简单，可能通过找出不确定的威胁来源就可以做到。

焦虑的这种功能可能是儿童所特有的，因为它可能代表了一个发展时期，在该时期时儿童对自己判断情况和刺激物是否具有威胁性的能力并没有信心，他们对环境中的事物也更加害怕和忧心忡忡。情绪感受在激起焦虑方面有着首要地位，我们可以通过探索焦虑发作时有意识和无意识过程的相互作用，来更好地理解焦虑的不可控性。接下来我们将进一步探讨这点。

这种识别威胁来源的需要，以及应对威胁时的问题解决需求，或许能够将恐惧反应和焦虑反应区分开来。在恐惧症中一般有一个明显的刺激物需要进行回应，但在基于焦虑的障碍中往往没有这样的刺激物。这可能会使家长和临床医生感到特别沮丧，因为处理儿童焦虑时感觉非常像玩打地鼠游戏：当一个焦虑事项被处理后，另一个就会冒出来。鉴于恐惧症和基于焦虑的疾病似乎有不同的神经通路，因此这两种症状的区分是有一定道理的。

如果我们在年幼婴儿身上会看到反复寻找威胁来源的现象,那么在年纪稍大些的学龄前儿童身上又是如何表现焦虑的这一方面呢?某些年纪还小和那些在语言方面有困难的儿童(自闭症儿童、有语言障碍或语言发育迟缓的儿童)可能无法用语言表达他们的担忧和焦虑。这可能导致越来越多的懊恼和痛苦情绪,但在没有明显的压力或威胁的情况下,这些反应可能看起来像恐惧反应,如表现出寻求亲密、流泪还有焦躁不安的状态。在这个年龄段,焦虑反应和恐惧反应两者之间的区别在于,焦虑反应可能并不依附于特定的刺激物。父母如何处理这种行为可能会影响到幼儿能否明白威胁是可控的,并且明白他们是可以应对威胁的;或者他们能否理解威胁是不可预测的,所以有时无法处理。敏感的、熟悉孩子情况的父母可能会帮助担忧烦恼或有关注威胁倾向的孩子逐步地调节这种反应;而如果父母无法做到这点,那么其孩子可能会继续发展持续的焦虑。

尽管如此,这并不是要过分地强调父母在这个过程中的作用。我们知道,儿童面对威胁时的各种不同反应是与生俱来的;惊吓反应也显示出明显的个体差异,并能预测后来的结果。可能的情况是,有些儿童倾向于寻找威胁来源,而其他儿童则倾向于寻找安慰。这可能映射了不同的依恋类型,寻找安慰的婴儿看起来像是安全型依恋类型的婴儿,而寻找威胁来源的婴儿看起来像是回避型依恋的婴儿。

随着儿童语言的发展，也许到了学龄早期，焦虑就会开始更接近我们对成年人焦虑的定义，然而这可能需要一些时间。焦虑会随着语言的发展出现，但在这个阶段它可能不完全是语言上的，可能伴随着强烈的情绪。焦虑的经历可能与情绪化体验和想要逃避或回避的冲动并无二致。它与恐惧的区别在于是否有着明显的刺激物。

此时的变化可能是缓慢的，并反映在了大脑相关区域的发展上。随着前额叶皮层在童年和青春期的发展，儿童对自己的感知经验和思维过程进行反思的能力将得到发展。从那时起，对焦虑的看法将开始形成。同样地，随着大脑区域网络的形成，关于恐惧的区域（如杏仁核）和思维区域（如前额叶皮层）之间的联系也在不断地发展，焦虑担忧的体验将更多地被划分为一种思维过程，从而与强烈的情绪相分离。

到了青春期，成年人焦虑所涉及的许多关键过程都会出现，但仍然可能存在着一些发展上的差异。在这个阶段，焦虑的内容可能以更抽象的形式表现出来，对于未来更模糊的思考能力也会随之出现，这可能会导致早期的持续焦虑。由于此时的焦虑缺乏具体的内容，这就导致再次出现童年时期寻找威胁来源的做法，并且会与我们在成年人身上看到的、反复进行的问题解决做法相结合。青春期的某些方面，如情绪波动，以及对社会刺激的敏感性，会导致某些容易焦虑者的焦虑担忧程度明显增加。青春期还有更多的情绪体验，对于那些无法容忍不确定性或无法接受身体感觉的个体来说，

第 6 章　对焦虑的全新发展性理解

他们要花费心神去努力处理这些感受。如果没有找出威胁，或是解决问题的努力还不够，那么这些尝试可能不会成功，最终焦虑情绪还是会增多。可能是处于这个发展阶段的原因，此时意义建构过程涉及的只是一般性地确认自身感受，而非专门找出威胁来源。此外，焦虑此时几乎变得完全是社会性的。在这个阶段，儿童的"社会脑"已经很发达了，也许会容易反应过度，因此在经历社会比较和社会认同等过程时，他们可能会产生负面情绪，继而引发焦虑。

儿童能学会将自己的不安感归因于某些特定的刺激，这个过程可能从童年后期开始并一直持续到青春期。过程一开始可能是因为某些特定的刺激物触发了不安感：也许是当妈妈不在身边时，孩子就会感觉不自在，因为妈妈能提供安慰来缓解这种不安感；也许是当他们必须在全班同学面前表演时，他们也会感觉不舒服。对有些儿童来说，决定归因的不是刺激物本身，而是他们对之前经验的总结。一旦儿童开始确定他们不安感的来源，并且能够解决这种感觉，那么他们就更有可能继续将该来源确定为使他们不安的原因；在他们强化了对这个归因的认知后，也更有可能在未来的情况下再次这样做。对于与焦虑相关的障碍来说，这种归因上的区别可能决定了他们符合的是哪种焦虑症的诊断标准。

焦虑问题性特征的发展

有人将焦虑视为"在没有明显威胁的情况下对消极情绪的一种主要的、不可避免的反应",这种看法也导致了对问题性焦虑不同方面的假设。当儿童的焦虑情绪变得强烈和不可控的时候,就会显现出问题性,这些特征在成年人的问题性焦虑中也可以看到。前文中我们假设焦虑之所以强烈,是由于情绪反应和对焦虑的看法结合后导致了人们对焦虑的感受非常"糟糕"。在这个新的儿童焦虑模型中,那些虽然没有遭遇明显威胁、却有更频繁和更消极情绪体验的儿童才会产生更多的焦虑。因此,对这些儿童来说,他们自然也有着更强烈的焦虑感受。当儿童不论是通过理解感受或是他人安慰都无法解决威胁时,就意味着他们的焦虑会持续更长时间,而威胁得不到解决的时间越长,负面情绪可能就会越强烈。不同儿童的焦虑体验可能有着不同的强烈程度,但对负面情绪更不适、负面情绪出现更频繁以及持续更长时间的过程,可能都是焦虑体验强烈程度的重要组成部分。

焦虑的另一个方面是不可控性,这是问题性焦虑的一个特征。虽然焦虑的几个临床模型都认为焦虑是可以控制的,并指出"焦虑不可控"只是人们的看法而已,但通过将情绪反应作为焦虑的中心来看待时,我们就可以找到另一种解释。意识到情绪状态出现正是身体提醒我们需要有意识地处理这些情绪的一种方式。有

第6章 对焦虑的全新发展性理解

意识地处理情绪是非常耗费心神的，此时大量的决定和处理都在大脑中进行，这是我们平时从未意识到的。但是在面临威胁时，我们可能需要有意识地对所处的环境进行判断和处理。这和遇到明显威胁时的情况恰好相反。威胁明显时，我们自发的肾上腺素反应占据了主导地位，并不需要有意识地思考解决方法，而是需要我们立即做出"战斗或逃跑"的反应。相比之下，在遭遇非明显威胁，或情绪反应较小时，我们可能就需要有意识的处理过程来解决这种情况。由此可见，试图应对情绪反应是人类的主要需求。然而正如我们前面所看到的，在解决情绪反应时可能会有几个障碍，这些障碍可能会适得其反地导致情绪反应的时间延长。焦虑还有一个问题，就是它会被过度地不断重温。此外，焦虑还会变得模糊和抽象、变得语言化而非图像化等，这几个过程都会使情绪反应被抑制。由此我们认为，因为对威胁的解决是在有意识和无意识处理之间切换的，所以焦虑的感觉是不可控的。首先情绪反应迫使我们要有意识地去处理这种情况，但同时焦虑过程在没有解决威胁的情况下先抑制了情绪，从而使这个处理过程又回到了无意识的领域。然而此时威胁仍然没有得到解决，所以情绪反应又再次将其带回有意识的领域进行处理。由于情绪反应受抑制而减少，在以为威胁解决后又突然回到有意识领域的体验会使人感觉不可控，事实上也确实如此。传统上用来说明焦虑可控性的策略绕过了这一过程，使注意力系统以有意识的方式工作，从而实际地解决了威胁；而如果涵盖了通常的焦虑过程，威胁其实就无法得到解决。

鉴于焦虑在有意识和无意识处理之间反复转换，这就使焦虑要么会被过度重温，要么是语言性的，要么变得抽象，因此我们预计焦虑的不可控性可能只会在年龄较大的儿童和青少年中成为一个问题。对于年龄较小的儿童来说，焦虑感受的"糟糕"程度可能是问题性焦虑的一个更好指标，事实上这也反映了广泛性焦虑症和过度焦虑症的诊断差异。

对焦虑全新发展性理解的总结

综上所述，通过研究焦虑的最初形式，我们认为它是由一种不安或较低级别的担忧感受引起的，而这种感受与明显的负面刺激并不相关。这种感受促使人们需要解决它或是理解其意义，如果做不到这些，就会产生所担心的结果。在整个发展过程中，内省能力的提高意味着解决或理解该感觉的过程也会发展：从无意识地对可能的威胁进行言语上的意义解读，以此寻求安慰或威胁来源，发展到产生像成年人那样的焦虑，即以言语表达的焦虑为主、焦虑内容抽象或模糊，并可能出现灾难化倾向。

有些人可能更容易发展出问题性焦虑，因为他们自身有着无

第6章 对焦虑的全新发展性理解

法容忍不确定性的气质,或者因为他们天生对情绪的反应强度大,导致他们需要更频繁地对情绪反应做出判断。另一些人则可能更容易因为情绪反应被否定或拒绝而产生焦虑,而他们通过自我安慰来解决情绪问题的能力也经历挫败,最终导致了解决威胁的能力变差。还有些人可能在他们周围的环境中经历了大量不确定的威胁。有几种情况可能会使人们经历更多的焦虑并持续地焦虑。一些使焦虑得以维持的因素,如关于焦虑的某些看法、注意力过程、情绪和重复行为之间的相互作用,都可以视为焦虑过程本身带来的结果。对焦虑的看法是理解威胁和焦虑过程的一部分。注意力过程可以被视为对常规焦虑体验的自然反应,将注意力放在某些事情上时就会弱化情绪,但如果这一过程出错就反而会强化焦虑体验。情绪和重复行为之间的相互作用则可以视为大脑在不断发出信息,告诉我们必须有意识地处理威胁,直到情绪得到解决。

将焦虑视为在没有明显威胁的情况下对情绪刺激的一种自然反应,也可能有助于我们解释焦虑带来的不可控感。当问题性焦虑所涉及的自然过程抑制了情绪反应时,对威胁的处理就脱离了有意识的领域,于是对威胁的处理就会发生从由情绪引发的有意识处理转到无意识处理过程,由此便产生了不可控感。

焦虑的孩子：关于儿童青少年焦虑问题的心理研究

对焦虑的全新理解的意义

发展意义

这种对焦虑全新理解的第一个主要意思是让我们明白，人们有可能在生命早期就能识别出焦虑和担忧情绪产生的过程或前兆。就体验而言，它可能无法与焦虑的其他方面区分开来，但探索婴儿面对不确定威胁时的反应，可能有助于我们了解哪些因素会对以后基于焦虑的障碍构成风险。这种新的理解蕴含的第二个主要意思是，焦虑是生而为人不可避免的部分，我们可以很容易地将其在整个童年和青春期的发展与相关脑区的发展相对应，如前额叶皮层以及它和杏仁核之间的交流。找到在这些脑区发展有障碍的儿童，无论障碍是由发育条件还是脑损伤造成的，都可以为探索焦虑和大脑发育之间的联系带来独特的可能性，这可能会为我们提供新的视角去理解之后出现的焦虑。第三个蕴含的意思是，在理解维持问题性焦虑方面至关重要的一些过程，很大程度上是为成年人开发的，可能与年幼的儿童相关性不大。这些过程可能是由于经历了焦虑而发展出来的。然而，这些过程也可能导致焦虑随着时间的推移变得更加根深蒂固。因此，当这些过程还在发展的时候，就有其他更重要的因素能决定焦虑是否成为儿童的关键问题，那么干预措施可能就需要针对并围绕这些不同的因素（见下文临床意义部分）展开。

第6章 对焦虑的全新发展性理解

临床意义

这一新理解在临床上也有以下三个方面的意义：识别童年时的障碍和可能伴随的诊断；在其他障碍和心理困境的背景下理解焦虑；促进焦虑的治疗。

识别童年焦虑症

我们在现有工作的基础上发展出了一种对焦虑的新理解，即不同焦虑症之间的细微差别对年幼的儿童来说可能关系不大。正如威姆斯和埃格、安哥德和科斯特洛所提出的，我们也许可以对基于恐惧的障碍和基于焦虑的障碍之间做出一个有用的区分。在这种对焦虑的新理解中，上述二者的关键区别在于是否存在着威胁：在存在威胁的情况下，我们处理的是恐惧反应；在没有威胁，或存在不确定的威胁时，我们处理的是焦虑反应。尽管这两种障碍中存在着重叠的情况，即许多患有恐惧症的儿童对威胁会变得敏感，并对不确定的、可能出现的未来事件产生担忧，但是这两种障碍所涉及的过程可能是不同的。通过追踪儿童是如何理解自己对不确定或不存在的威胁所产生的情绪反应的过程，有助于我们进一步了解焦虑症在进入青春期和成年时是如何产生分化的。过度焦虑症可能确实是一个很好的诊断类别，缺乏特异性也未必是该诊断的缺点，因为与年龄较大的儿童和成年人相比，幼儿理解自己情绪体验的方式较少，对环境的控制力也较不足，所以这反而可以真实地反映幼儿的体验。

焦虑在理解其他心理困境中的作用

这种对焦虑的新理解认为，焦虑是我们身为人类无法避免的体验。作为人类，我们需要赋予自己的经历以意义，并在有意识和无意识的层面上处理信息，这意味着我们被迫要注意自己的情绪状态。早期的问题性焦虑可能表明个人特别容易受到情绪状态的影响。这可能表现为对情绪状态的易感性，如会经常经历这些情绪，或比其他人有着更强烈的情绪体验，又或是面对更多刺激时会产生这些情绪状态作为反应。我们可以从这一新理解中得出一个结论，即在如反刍和抑郁、妄想、不明原因的疼痛或睡眠质量差等心理相关的困扰出现前，焦虑就先出现了，原因很简单：我们感受到了威胁，它是我们最先需要应对和解决的刺激之一。相比之下，悲伤虽然也是一种早期情绪，但未必需要被当作威胁来进行理解和解决。在所有这些其他的心理问题中都存在着威胁，无论是对社会自我的威胁，对身体的威胁，还是对存在的威胁。由于焦虑代表了在不确定的威胁存在的情况下对自身感受进行理解的过程，因此焦虑便成为这些其他心理问题中的关键因素，这点并不令人惊讶。在这些心理问题中，我们发现威胁要么没有得到解决，例如成为无法解释的疼痛；要么以一种复杂的方式得到解决，而复杂的方式可能并无法反映出原始威胁的性质，例如在妄想中出现的威胁。在没有明显威胁的情况下，如何处理威胁反应的核心问题，并产生合理化威胁、要以某种方式解决威胁的想法，这些在治疗所有这些心理问题时都很重要。如前所述，问题性焦虑所涉及的不同过程，如对不确定性的无法容忍，经验和认知回避以及对焦虑的看法，可能会对这些不同类型的心理问题造成不同的影响，因此我们有必要进行进一步的研究，以发展我们对童年到成年时期不同发展过程和焦虑相互作用的理解。

儿童焦虑的治疗

非常幸运的是，我们已经有了一些治疗焦虑的方法，这些方法对各年龄段的焦虑儿童都很有效。对基于焦虑的障碍而言，一般性的认知行为疗法可能和对基于恐惧的障碍治疗一样有效。该疗法是强大的，因为其在对儿童进行单独治疗、对家庭进行治疗以及通过父母进行治疗时似乎都行之有效。关注问题性焦虑的关键过程，如对不确定性的无法容忍，似乎也显示出对被诊断为广泛性焦虑症的儿童采用替代性干预治疗的巨大前景。因此，不论儿童得到了什么诊断，这些替代性干预治疗对有问题性焦虑的儿童可能都是有帮助和有效果的。

对焦虑的全新发展性理解可能在几个方面提升对焦虑的治疗效果。首先，鉴于我们已经有了针对焦虑儿童的有效治疗方式，将焦虑理解为"对不确定的威胁所产生的自然反应"可能有助于我们找出这些干预措施中的有效成分。其次，这种全新理解可能有助于我们开发出新的干预措施，这些新措施也许能够帮上那些尚未从目前干预措施中获益的儿童和成年人。

目前对焦虑的这种理解表明，不同的干预措施可能在不同的时段有效。幼儿还没有自己解决威胁的认知能力，他们可能需要有人为他们解决威胁。这可能包括安抚儿童，以此消除那些会刺激他们去寻找威胁的情绪；也可能包括有意地安排儿童去探索威胁；也许是通过具名化威胁的方式来抑制相关情绪蔓延，例如"没关系，那只是摔门声"。这有些类似于早期亲子干预措施，这些干预措施已经在那些本身有心理健康问题风险或正在经历产后抑郁症的父母身上得到了测评。

随着儿童尝试并理解威胁的认知能力提升，解决威胁还能帮助他们培养信心，即他们明白自己既能确定威胁来源，又有能力评估威胁；与此同时，无论威胁来自何处或是否明显，他们也能发展出对自己处理威胁的能力的自信。许多认知行为疗法的方案可能就是这样进行的。

在这个阶段对那些正在发展出焦虑问题性特征的儿童进行有针对性的干预或预防治疗也许值得我们考虑。这些问题性特征的方面可能包括：儿童发展出对于焦虑作用的强烈信念，或对于焦虑的危险性和不可控性程度的强烈信念。制定有针对性的干预措施可能涉及识别那些注意力不集中的儿童，一旦情绪反应促使他们开始寻找

第6章 对焦虑的全新发展性理解

情绪的意义，他们就很难脱离这种状态；也可能涉及识别那些难以忍受情绪反应（无论出于什么原因）的儿童，他们正在发展出经验性或认知性的回避。

一旦年轻人进入青春期，那么我们针对成年人广泛性焦虑症成熟的干预措施可能对任何情况下的问题性焦虑都行之有效，如年轻人出现抑郁症、进食障碍、疼痛或妄想的情况。然而在这个年龄段，重要的是考虑大脑正在进行的发育。在对青春期广泛性焦虑症和焦虑担忧情绪的标准干预中，将更多的注意力放在社会评价上可能是有用的。在这个年龄段的干预措施中可能会纳入更多的人际关系因素。重要的是认识到维持焦虑的一些过程尚未稳固，因此一些对年幼儿童有帮助的认知行为疗法的技巧也可能仍有价值。此外，随着这个年龄段儿童注意力过程的成熟，将注意力过程明确纳入认知行为疗法的新方式可能对他们尤为有益。其中一些干预措施可以帮助那些无法控制焦虑和担忧想法的人将注意力集中于当下情况或是当前的威胁上，并抑制自己尝试理解威胁的冲动，因为这种冲动往往会成为使焦虑情绪持续的导火索。在青春期时，青少年关注的重点可能会从解决威胁转移到与威胁所激发的情绪共存，而不是过度地关注威胁或对其进行负面的解释。这时各种新兴的改进的认知行为疗法似乎可能得到进一步发展以帮助有焦虑问题的年轻人，因为这些疗法的目的是改变我们与内部经验的关系，而不是直接挑战它们。

系统性意义和更广泛的系统影响

尽管父母不太可能是我们理解早期焦虑发展的核心，但他们似乎也能发挥一定作用。对于那些容易受惊或不容易被安抚的婴儿来说，他们也许是不喜欢不确定性或环境的不可控性，此时父母如果能敏感地回应他们的需求并安抚他们，就很可能可以帮助婴儿发展出对情绪体验的健康反应。如果父母因某种原因不能以这种方式对情绪敏感的婴儿的痛苦做出回应，那么婴儿就很容易在以后面对焦虑时表现得更为脆弱。如果婴儿受到的是不确定的威胁而不是直接威胁的影响，情况可能就更严重。在某些环境中，可能同时存在着确定的和不确定的威胁，从而导致出现恐惧和焦虑障碍的风险增加。

在童年时期，父母如果能够帮助孩子理解他们的世界，包括他们的情感世界，就有可能减少孩子因焦虑而出现心理障碍的可能性。最后，在青少年时期，如果父母能够鼓励他们的孩子去包容自己的情绪和容忍不确定性，并且能够使孩子确信焦虑没有什么大不了的，并不是世界末日，那么就能培养出更不焦虑的孩子。

儿童的认知过程、情绪反应、社交和学业，以及他们对父母的感受，这些因素之间的相互作用是复杂的。问题性焦虑的发展也受到多样因素影响，其中不同的因素相互作用，更增加了复杂性。因此，将阻止问题性焦虑发展的重担放在父母身上是不公平的。但对于那些可能想知道他们能做什么的父母来说，当他们感到无助时，考虑这些因素和对焦虑的理解可能会对他们有所帮助。

下一步在哪里？制定儿童焦虑的研究议题

一些研究者认为，缺乏对焦虑的发展性理解限制了我们对焦虑的研究。诚然，儿童焦虑是一个人们很感兴趣的话题，临床医生、发展科学家和神经科学家也都在提出新的理解，但我们有必要将这些内容结合起来。对焦虑的一个全新定义认为，焦虑是"试图理解在面对不确定的威胁时所产生的情绪反应的一种尝试"。这种理解可能包括寻找威胁的来源，解决未来可能出现的威胁，以及对情绪反应和可能产生的后果进行分析和理解。无法解决威胁就会引发焦虑的反复性，而好几个使焦虑得以维持的因素其实都是在经历焦虑时不可避免的反应。目前成年人的病态焦虑模型很可能从青少年时期开始就初露端倪，因此在年轻群体中探索这些模型是如何发展的可能会颇有成效。另外，由于我们对患有病态焦虑的年轻人已经有着有效的干预措施，所以没有必要急于开发新的干预措施。但是如果能对目前干预措施的运作进行探索，并整合提出新的理解，就可能可以改进对整个年龄段的干预措施。

因此，在制定研究议题时，有几个方面需要纳入大纲。第一个方面是对所提出的新理解进行测试。我们迫切地需要对儿童的焦虑

焦虑的孩子：关于儿童青少年焦虑问题的心理研究

展开进一步的现象学研究，其中最理想的就是将定性和定量研究都包含在内。这些研究可以进一步地检验一些关于童年和青少年时期不同的焦虑和担忧经历的假设。它们还可以使我们能更好地理解一个假设：即焦虑是一种人们理解某事的意义时产生的反应，这种反应可能包括寻找威胁的来源。此外，那些直接对不确定威胁所产生的反应进行探索的研究可以借助实验设计进行，以此既能测试儿童对于确定和不确定威胁所产生反应之间的差异，也能测试出对不同类型不确定威胁的反应。

由于进入儿童的内心世界存在困难，这种研究大多数将基于神经心理学的观点，采取大脑扫描的方式来跟踪对不确定威胁的反应，这将使我们能够探索有意识和无意识的过程以及两者之间的关系。这些方法还可以让我们了解焦虑中对不可控性的体验。

除了对儿童焦虑的新理解进行测试外，对现有文献进行综合分析也能为我们指出一些关键的研究方向。值得注意的是，鲜有研究关注有问题性焦虑或焦虑症的儿童。我们对焦虑和担忧进行研究所基于的假设是：这两者存在着几个连续体，包括严重程度、影响、发生频率和痛苦等的逐渐演变过程。尽管如此，这些可能与和某些焦虑症相关的阈值[①]模型有关，即某些在问题性焦虑或担忧的阈值

---

① 指刚刚能够引起感觉或觉察差别的最小刺激量，也可以指当刺激的量变积累到一定程度，刚刚能够引起心理质变的临界点。——译者注

中发生的过程改变就可能会被认为是一种障碍。对焦虑的积极看法可能是这些过程之一。在正常的焦虑水平下，积极看法可能只是在焦虑的背景下起作用，并且通过有意识的询问就会出现，但它们并不会影响焦虑；而在有问题的焦虑水平下，积极看法可能会在不确定威胁的情况下引发有意识的焦虑，并且增加焦虑的频率和激发对焦虑的消极看法。

除了在焦虑症背景下探索焦虑和担忧情绪外，焦虑显然与更广泛的心理障碍也有关联。该看法需要进行测试，看看是否所有这些障碍中令人焦虑担忧的重点都在于不确定的威胁。除此之外还需要进一步地探索其他障碍中的焦虑，特别是研究其他心理障碍中焦虑和焦虑过程有哪些重要方面，这有助于我们针对相关的年轻人进行具体的焦虑干预。

结论

焦虑既是一种正常现象，也是一些心理障碍的焦点。从各种大脑区域的结构和联系发展中我们可以看出，儿童身上的焦虑受到认知、情感、语言和社交发展的影响。儿童置身于那些会影响他们焦虑的系统之中，反过来这些系统也受到他们焦虑的影响。通过将焦虑视为对不确定威胁的反应，我们也许能够重新思考焦虑最早的发展表现是什么,并更好地理解导致问题性焦虑得以持续的机制是如何随时间而发展的。焦虑可能是作为有意识的人进行思考时不可避免的一部分,但那些干扰生活的问题性焦虑却非如此。我们的干预措施对许多焦虑的儿童很有效,希望通过采取在临床中发展的方法,我们可以进一步改善这些措施。

参考文献

Abramovitch, A., & Schweiger, A. (2009). Unwanted intrusive and worrisome thoughts in adults with attention deficit\hyperactivity disorder. *Psychiatry Research*, *168*(3), 230–233. https://doi.org/10.1016/j.psychres.2008.06.004

Affrunti, N. W., & Woodruff-Borden, J. (2016). Negativeaffectandchildinternalizing symptoms: The mediating role of perfectionism. *Child Psychiatry & Human Development*, *47*(3), 358–368. https://doi.org/10.1007/s10578-015-0571-x

Alfano, C. A., Zakem, A. H., Costa, N. M., Taylor, L. K., & Weems, C. F. (2009). Sleep problems and their relation to cognitive factors, anxiety, and depressive symptoms in children and adolescents. *Depression and Anxiety*, *26*(6), 503–512. https://doi.org/10.1002/da.20443

Allmann, A. E. (2018). *The bidirectional relationship between parenting practices and child symptoms of ADHD, ODD, depression, and anxiety.* (Unpublished dissertation). State University of New York; Stony Brook, New York.

Alvaro, P. K., Roberts, R. M., & Harris, J. K. (2014). The independent relationships between insomnia, depression, subtypes of anxiety, and chronotype during adolescence. *Sleep Medicine*, *15*(8), 934–941. https://doi.org/10.1016/j.sleep.2014.03.019

American Psychiatric Association. (2013). *Diagnostic and statistical manual of mental disorders—DSM-5* (5th ed.). Arlington, VA: American Psychiatric Association Publishing.

Angelino, H., & Shedd, C. L. (1953). Shifts in the content of fears and worries relative to chronological age. *Proceedings of the Oklahoma Academy of Science, 34*, 180–186.

Astington, J., & Hughes, C. (2013). Theory of mind: Self-reflection and social understanding. In P. D. Zelazo (Ed.), *The Oxford handbook of developmentalpsychology, Vol. 2: Self and other* (pp. 398–423). Oxford, UK: Oxford University Press.

Atance, C. M., & Meltzoff, A. N. (2005). My future self: Young children's ability to anticipate and explain future states. *Cognitive Development, 20*(3), 341–361. https://doi.org/10.1016/j.cogdev.2005.05.001

Atance, C. M., & Meltzoff, A. N. (2006). Preschoolers' current desires warp their choices for the future. *Psychological Science, 17*(7), 583–587. https://doi.org/10.1111/j.1467-9280.2006.01748.x

Atance, C. M., & O'Neill, D. K. (2005a). Preschoolers' talk about future situations. *First Language, 25*(1), 5–18. https://doi.org/10.1177/0142723705045678

Atance, C. M., & O'Neill, D. K. (2005b). The emergence of episodic future thinking in humans. *Learning and Motivation, 36*(2), 126–144. https://doi.org/10.1016/j.lmot.2005.02.003

Bacow, T. L., Pincus, D. B., Ehrenreich, J. T., & Brody, L. R. (2009). The metacognitions questionnaire for children: Development and validation in a clinical sample of children and adolescents with anxiety disorders. *Journal of Anxiety Disorders, 23*(6), 727–736. https://doi.org/10.1016/j.janxdis.2009.02.013

Bandura, A. (1969). Social-learning theory of identificatory processes. In D. A. Goslin (Ed.), *Handbook of socialization theory and research* (pp. 213–262). Chicago: Rand McNally.

Bandura, A. (2001). Social cognitive theory: An agentic perspective. *Annual Review of Psychology, 52*, 1–26. https://doi.org/10.1146/annurev.psych.52.1.1

Barahmand, U. (2008). Age and gender differences in adolescent worry. *Personality and Individual Differences, 45*(8), 778–783. https://doi.org/10.1016/j.paid.2008.08.006

Bar-Haim, Y., Lamy, D., Pergamin, L., Bakermans-Kranenburg, M. J., & van IJzendoorn, M. H. (2007). Threat-related attentional bias in anxious and nonanxious individuals: A meta-analytic study. *Psychological Bulletin*, *133*(1), 1–24. https://doi.org/10.1037/0033-2909.133.1.1

Barker, T. V., Reeb-Sutherland, B. C., & Fox, N. A. (2014). Individual differences in fear potentiated startle in behaviorally inhibited children: Individual differences in potentiated startle. *Developmental Psychobiology*, *56*(1), 133–141. https://doi.org/10.1002/dev.21096

Barrett, H., & Wilson, C. (2019). *The development of episodic foresight in 4–6 year olds: Methodological issues and the role of verbal and cognitive ability*. Psychological Society of Ireland Annual Conference, Kilkenny.

Barrett, P. M. (1998). Evaluation of cognitive-behavioral group treatments for childhood anxiety disorders. *Journal of Clinical Child Psychology*, *27*(4), 459–468. https://doi.org/10.1207/s15374424jccp2704_10

Barrett, P. M., Dadds, M. R., & Rapee, R. M. (1996). Family treatment of childhood anxiety: A controlled trial. *Journal of Consulting and Clinical Psychology*, *64*(2), 333–342. https://doi.org/10.1037/0022-006X.64.2.333

Barrett, P. M., Duffy, A. L., Dadds, M. R., & Rapee, R. M. (2001). Cognitive-behavioral treatment of anxiety disorders in children: Long-term (6-year) follow-up. *Journal of Consulting and Clinical Psychology*, *69*(1), 135–141. https://doi.org/10.1037/0022-006X.69.1.135

Barrett, P. M., Rapee, R. M., Dadds, M. M., & Ryan, S. M. (1996). Family enhancement of cognitive style in anxious and aggressive children. *Journal of Abnormal Child Psychology*, *24*(2), 187–203. https://doi.org/10.1007/BF01441484

Beck, A. T., Brown, G., & Steer, R. T. A. (1988). An inventory for measuring clinical anxiety: Psychometric properties. *Journal of Consulting and Clinical Psychology*, *56*, 893–897. https://doi: 10.1037//0022-006x.56.6.893

Beck, S. R., Weisberg, D. P., Burns, P., & Riggs, K. J. (2014). Conditional reasoning and emotional experience: A review of the development of counterfactual thinking. *Studia Logica*, *102*(4), 673–689. https://doi.org/10.1007/s11225-013-9508-1

Bedard, A.-C., & Tannock, R. (2008). Anxiety, methylphenidate response, and working memory in children with ADHD. *Journal of Attention Disorders*, *11*(5), 546–557. https://doi.org/10.1177/1087054707311213

Behar, E., DiMarco, I. D., Hekler, E. B., Mohlman, J., & Staples, A. M. (2009). Current theoretical models of generalized anxiety disorder (GAD): Conceptual review and treatment implications. *Journal of Anxiety Disorders*, *23*(8), 1011–1023. https://doi.org/10.1016/j.janxdis.2009.07.006

Behar, E., Zuellig, A. R., & Borkovec, T. D. (2005). Thought and imaginal activity during worry and trauma recall. *Behavior Therapy*, *36*(2), 157–168. https://doi.org/10.1016/S0005-7894(05)80064-4

Beidel, D. C., & Turner, S. M. (1997). At risk for anxiety: I. Psychopathology in the offspring of anxious parents. *Journal of the American Academy of Child & Adolescent Psychiatry*, *36*(7), 918–924. https://doi.org/10.1097/00004583-199707000-00013

Belsky, J., Steinberg, L., & Draper, P. (1991). Childhood experience, interpersonal development, and reproductive strategy: An evolutionary theory of socialization. *Child Development*, *62*(4), 647–670. https://doi: 10.1111/j.1467-8624.1991. tb01558.x

Bender, P. K., Reinholdt-Dunne, M. L., Esbjørn, B. H., & Pons, F. (2012). Emotion dysregulation and anxiety in children and adolescents: Gender differences. *Personality and Individual Differences*, *53*(3), 284–288. https://doi.org/10.1016/j.paid.2012.03.027

Benoit Allen, K., Silk, J. S., Meller, S., Tan, P. Z., Ladouceur, C. D., Sheeber, L. B., Forbes, E. E., Dahl, R. E., Siegle, G. J., McMakin, D. L., & Ryan, N. D. (2016). Parental autonomy granting and child perceived control: Effects on the everyday emotional experience of anxious youth. *Journal of Child Psychology and Psychiatry*, *57*(7), 835–842. https://doi.org/10.1111/jcpp.12482

Biederman, J., Spencer, T. J., Petty, C., Hyder, L. L., O'Connor, K. B., Surman, C. B., & Faraone, S. V. (2012). Longitudinal course of deficient emotional self-regulation CBCL profile in youth with ADHD: Prospective controlled study. *Neuropsychiatric Disease and Treatment*, *8*, 267–276. https://doi.org/10.2147/NDT.S29670

Bird, J. C., Waite, F., Rowsell, E., Fergusson, E. C., & Freeman, D. (2017). Cognitive, affective, and social factors maintaining paranoia in adolescents with mental health problems: A longitudinal study. *Psychiatry Research*, *257*, 34–39. https:// doi.org/10.1016/j.psychres.2017.07.023

Birmaher, B., Khetarpal, S., Brent, D., Cully, M., Balach, L., Kaufman, J., & Neer, S.

M. (1997). The screen for child anxiety related emotional disorders (SCARED): Scale construction and psychometric characteristics. *Journal of the American Academy of Child and Adolescent Psychiatry, 36*(4), 545–553. https://doi.org/10.1097/00004583-199704000-00018

Bishop, C., Mulraney, M., Rinehart, N., & Sciberras, E. (2019). An examination of the association between anxiety and social functioning in youth with ADHD: A systematic review. *Psychiatry Research, 273*, 402–421. https://doi.org/10.1016/j.psychres.2019.01.039

Bittner, A., Egger, H. L., Erkanli, A., Costello, J. E., Foley, D. L., & Angold, A. (2007). What do childhood anxiety disorders predict? *Journal of Child Psychology and Psychiatry, 48*(12), 1174–1183. https://doi.org/10.1111/j.1469-7610.2007.01812.x Blake, M. J., Sheeber, L. B., Youssef, G. J., Raniti, M. B., & Allen, N. B. (2017). Systematic review and meta-analysis of adolescent cognitive–behavioral sleep interventions. *Clinical Child and Family Psychology Review, 20*(3), 227–249. https://doi.org/10.1007/s10567-017-0234-5

Blake, M. J., Trinder, J. A., & Allen, N. B. (2018). Mechanisms underlying the association between insomnia, anxiety, and depression in adolescence: Implications for behavioral sleep interventions. *Clinical Psychology Review, 63*, 25–40. https://doi.org/10.1016/j.cpr.2018.05.006

Blakemore, S.-J. (2008). The social brain in adolescence. *Nature Reviews Neuroscience, 9*(4), 267–277. https://doi: 10.1038/nrn2353

Blakemore, S.-J. (2018). *Inventing ourselves: The secret life of the teenage brain*. London: Penguin, Random House.

Bodden, D. H. M., Bögels, S. M., Nauta, M. H., De Haan, E., Ringrose, J., Appelboom, C., Brinkman, A. G., & Appelboom-Geerts, K. C. M. M. J. (2008). Child versus family cognitive-behavioral therapy in clinically anxious youth: An efficacy and partial effectiveness study. *Journal of the American Academy of Child & Adolescent Psychiatry, 47*(12), 1384–1394. https://doi.org/10.1097/CHI.0b013e318189148e

Boehnke, K., Stromberg, C., Regmi, M. P., Richmond, B. O., & Chandra, S. (1998). Reflecting the world "out there": A cross-cultural perspective on worries, values and well-being. *Journal of Social and Clinical Psychology, 17*(2), 227–247.

https:// doi.org/10.1521/jscp.1998.17.2.227

Bögels, S., & Phares, V. (2008). Fathers' role in the etiology, prevention and treatment of child anxiety: A review and new model. *Clinical Psychology Review*, *28*(4), 539–558. https://doi.org/10.1016/j.cpr.2007.07.011

Bomyea, J., Ramsawh, H., Ball, T. M., Taylor, C. T., Paulus, M. P., Lang, A. J., & Stein, M. B. (2015). Intolerance of uncertainty as a mediator of reductions in worry in a cognitive behavioral treatment program for generalized anxiety disorder. *Journal of Anxiety Disorders*, *33*, 90–94. https://doi.org/10.1016/j.janxdis.2015.05.004

Borgogna, N. C., McDermott, R. C., Berry, A., Lathan, E. C., & Gonzales, J. (2020). A multicultural examination of experiential avoidance: AAQ – II measurement comparisons across Asian American, Black, Latinx, Middle Eastern, and White college students. *Journal of Contextual Behavioral Science*, *16*, 1–8. https://doi.org/10.1016/j.jcbs.2020.01.011

Borkovec, T. D. (1994). The nature, functions, and origins of worry. In G. C. L. Davey, & F. Tallis (Eds.), *Worrying: Perspectives on theory, assessment and treatment* (pp. 5–33). New York: John Wiley & Sons.

Borkovec, T. D., Hazlett-Stevens, H., & Diaz, M. L. (1999). The role of positive beliefs about worry in generalized anxiety disorder and its treatment. *Clinical Psychology & Psychotherapy: An International Journal of Theory & Practice*, *6*(2), 126–138.

Borkovec, T. D., & Inz, J. (1990). The nature of worry in generalized anxiety disorder: A predominance of thought activity. *Behaviour Research and Therapy*, *28*(2), 153–158. https://doi.org/10.1016/0005-7967(90)90027-G

Borkovec, T. D., Robinson, E., Pruzinsky, T., & DePree, J. A. (1983). Preliminary exploration of worry: Some characteristics and processes. *Behaviour Research and Therapy*, *21*(1), 9–16. https://doi.org/10.1016/0005-7967(83)90121-3

Borkovec, T. D., & Roemer, L. (1995). Perceived functions of worry among generalized anxiety disorder subjects: Distraction from more emotionally distressing topics? *Journal of Behavior Therapy and Experimental Psychiatry*, *26*(1), 25–30. https://doi.org/10.1016/0005-7916(94)00064-S

Bosquet, M., & Egeland, B. R. (2006). The development and maintenance of anxiety symptoms from infancy through adolescence in a longitudinal sample. *Development and Psychopathology*, *18*(2), 517–550. https://doi.org/10.1017/ S0954579406060275

Bottesi, G., Ghisi, M., Carraro, E., Barclay, N., Payne, R., & Freeston, M. H. (2016). Revising the intolerance of uncertainty model of generalized anxiety disorder: Evidence from UK and Italian undergraduate samples. *Frontiers in Psychology*, *7*. https://10.3389/fpsyg.2016.01723

Bowlby, J. (1969). *Attachment* (2nd ed., Vol. 1). New York: Basic Books.

Breinholst, S., Esbjørn, B. H., & Reinholdt-Dunne, M. L. (2015). Effects of attachment and rearing behavior on anxiety in normal developing youth: A mediational study. *Personality and Individual Differences*, *81*, 155–161. https:// doi.org/10.1016/j.paid.2014.08.022

Breinholst, S., Esbjørn, B. H., Reinholdt-Dunne, M. L., & Stallard, P. (2012). CBT for the treatment of child anxiety disorders: A review of why parental involvement has not enhanced outcomes. *Journal of Anxiety Disorders*, *26*(3), 416–424. https://10.1016/j.janxdis.2011.12.014

Breinholst, S., Tolstrup, M., & Esbjørn, B. H. (2019). The direct and indirect effect of attachment insecurity and negative parental behavior on anxiety in clinically anxious children: It's down to dad. *Child and Adolescent Mental Health*, *24*(1), 44–50. https://doi.org/10.1111/camh.12269

Broeren, S., Muris, P., Bouwmeester, S., van der Heijden, K. B., & Abee, A. (2011). The role of repetitive negative thoughts in the vulnerability for emotional problems in non-clinical children. *Journal of Child and Family Studies*, *20*(2), 135–148. https://doi.org/10.1007/s10826-010-9380-9

Brown, A. M., & Whiteside, S. P. (2008). Relations among perceived parental rearing behaviors, attachment style, and worry in anxious children. *Journal of Anxiety Disorders*, *22*(2), 263–272. https://doi.org/10.1016/j. janxdis.2007.02.002

Brown, S. L., Teufel, J. A., Birch, D. A., & Kancherla, V. (2006). Gender, age, and behavior differences in early adolescent worry. *Journal of School Health*, *76*(8), 430–437. https://doi.org/10.1111/j.1746-1561.2006.00137.x

Brown, T. E., Reichel, P. C., & Quinlan, D. M. (2009). Executive function impairments in high IQ adults with ADHD. *Journal of Attention Disorders*, *13*(2),

161–167. https://doi.org/10.1177/1087054708326113

Brzezinski, S., Millar, R., & Tracey, A. (2018). What do tertiary level students in the U.S.A. and Northern Ireland (UK) worry about? An exploratory study. *British Journal of Guidance & Counselling*, *46*(4), 402–417. https://doi.org/10.1080/03069885.2017.1286634

Buhr, K., & Dugas, M. J. (2002). The intolerance of uncertainty scale: Psychometric properties of the English version. *Behaviour Research and Therapy*, *40*(8), 931–945. https://doi.org/10.1016/S0005-7967(01)00092-4

Bulik, C. M., Sullivan, P. F., Fear, J. I., & Joyce, P. R. (1997). Eating disorders and antecedent anxiety disorders: A controlled study. *Acta Psychiatrica Scandinavica*, *96*(2), 101–107. https://doi.org/10.1111/j.1600-0447.1997.tb09913.x

Burns, R., & Wilson, C. (2016). *Thought suppression in children*. British Psychological Society, Developmental Psychology Section, Belfast.

Buschgens, C. J. M., Van Aken, M. A. G., Swinkels, S. H. N., Ormel, J., Verhulst, F. C., & Buitelaar, J. K. (2010). Externalizing behaviors in preadolescents: Familial risk to externalizing behaviors and perceived parenting styles. *European Child & Adolescent Psychiatry*, *19*(7), 567–575. https://doi.org/10.1007/s00787-009-0086-8

Caes, L., Fisher, E., Clinch, J., Tobias, J. H., & Eccleston, C. (2016). The development of worry throughout childhood: Avon longitudinal study of parents and children data. *British Journal of Health Psychology*, *21*(2), 389–406. https://doi.org/10.1111/bjhp.12174

Calmes, C. A., & Roberts, J. E. (2007). Repetitive thought and emotional distress: Rumination and worry as prospective predictors of depressive and anxious symptomatology. *Cognitive Therapy and Research*, *31*(3), 343–356. https://doi.org/10.1007/s10608-006-9026-9

Campbell, M. A., Rapee, R. M., & Spence, S. H. (2001). Developmental changes in the interpretation of rating format on a questionnaire measure of worry. *Clinical Psychologist*, *5*(2), 49–59. https://doi.org/10.1080/13284200108521078

Caplan, M., Weissberg, R. P., Bersoff, D., Ezekowitz, W., & Well, M. L. (1986). *The middle school alternative solutions test (AST) scoring manual*. New Haven: Unpublished manuscript, Yale University, Psychology Department.

Carleton, R. N. (2016). Into the unknown: A review and synthesis of contemporary models involving uncertainty. *Journal of Anxiety Disorders*, *39*, 30–43. https://doi.org/10.1016/j.janxdis.2016.02.007

Carney, C. E., Harris, A. L., Moss, T. G., & Edinger, J. D. (2010). Distinguishing rumination from worry in clinical insomnia. *Behaviour Research and Therapy*, *48*(6), 540–546. https://doi.org/10.1016/j.brat.2010.03.004

Carthy, T., Horesh, N., Apter, A., & Gross, J. J. (2010a). Patterns of emotional reactivity and regulation in children with anxiety disorders. *Journal of Psychopathology and Behavioral Assessment*, *32*(1), 23–36. https://doi.org/10.1007/s10862-009-9167-8 Carthy, T., Horesh, N., Apter, A., Edge, M. D., & Gross, J. J. (2010b). Emotional reactivity and cognitive regulation in anxious children. *Behaviour Research and Therapy*, *48*(5), 384–393. https://doi.org/10.1016/j.brat.2009.12.013

Cartwright-Hatton, S. (2006). Worry in childhood and adolescence. In G. C. L. Davey, & A. Wells (Eds.), *Worry and its psychological disorders: Theory, assessment and treatment* (pp. 81–97). Chichester: John Wiley & Sons Ltd. https://doi.org/ 10.1002/9780470713143.ch6

Cartwright-Hatton, S., Mather, A., Illingworth, V., Brocki, J., Harrington, R., & Wells, A. (2004). Development and preliminary validation of the meta-cognitions questionnaire—adolescent version. *Journal of Anxiety Disorders*, *18*(3), 411–422. https://doi.org/10.1016/S0887-6185(02)00294-3

Cartwright-Hatton, S., McNally, D., Field, A. P., Rust, S., Laskey, B., Dixon, C., Gallagher, B., Harrington, R., Miller, C., Pemberton, K., Symes, W., White, C., & Woodham, A. (2011). A new parenting-based group intervention for young anxious children: Results of a randomized controlled trial. *Journal of the American Academy of Child & Adolescent Psychiatry*, *50*(3), 242–251.e6. https://doi.org/ 10.1016/j.jaac.2010.12.015

Cartwright-Hatton, S., & Wells, A. (1997). Beliefs about worry and intrusions: The meta-cognitions questionnaire and its correlates. *Journal of Anxiety Disorders*, *11*(3), 279–296. https://doi:10.1016/s0887-6185(97)00011-x.

Cassidy, J. (1995). Attachment and generalized anxiety disorder. In D. Cicchetti & S. L. Toth (Eds.), *Emotion, cognition, and representation* (pp. 343–370). Rochester: University of Rochester Press.

Cassidy, J., Lichtenstein-Phelps, J., Sibrava, N. J., Thomas Jr., C. L., & Borkovec, T. D. (2009). Generalized anxiety disorder: Connections with self-reported attachment. *Behavior Therapy*, *40*(1), 23–38. https://doi: 10.1016/j.beth.2007.12.004

Castro, J., Toro, J., Van der Ende, J., & Arrindell, W. A. (1993). Exploring the feasibility of assessing perceived parental rearing styles in Spanish children with The EMBU. *International Journal of Social Psychiatry*, *39*(1), 47–57. https://doi.org/10.1177/002076409303900105

Chorpita, B. F., Tracey, S. A., Brown, T. A., Collica, T. J., & Barlow, D. H. (1997). Assessment of worry in children and adolescents: An adaptation of the Penn State Worry Questionnaire. *Behaviour Research and Therapy*, *35*(6), 569–581. https://doi.org/10.1016/S0005-7967(96)00116-7

Clauss, J. A., & Blackford, J. U. (2012). Behavioral inhibition and risk for developing social anxiety disorder: A meta-analytic study. *Journal of the American Academy of Child & Adolescent Psychiatry*, *51*(10), 1066–1075.

Clefberg Liberman, L., & Öst, L.-G. (2016). The relation between fears and anxiety in children with specific phobia and parental fears and anxiety. *Journal of Child and Family Studies*, *25*(2), 598–606. https://doi.org/10.1007/s 10826-015-0222-7

Clementi, M. A., & Alfano, C. A. (2014). Targeted behavioral therapy for childhood generalized anxiety disorder: A time-series analysis of changes in anxiety and sleep. *Journal of Anxiety Disorders*, *28*(2), 215–222. https://doi.org/10.1016/j.janxdis.2013.10.006

Cobham, V. E., Dadds, M. R., & Spence, S. H. (1998). The role of parental anxiety in the treatment of childhood anxiety. *Journal of Consulting and Clinical Psychology*, *66*(6), 893–905. https://doi.org/10.1037/0022-006X.66.6.893

Cobham, V. E., Dadds, M. R., Spence, S. H., & McDermott, B. (2010). Parental anxiety in the treatment of childhood anxiety: A different story three years later. *Journal of Clinical Child & Adolescent Psychology*, *39*(3), 410–420. https://doi.org/10.1080/15374411003691719

Cobham, V. E., Filus, A., & Sanders, M. R. (2017). Working with parents to treat anxiety-disordered children: A proof of concept RCT evaluating fear-less triple P. *Behaviour Research and Therapy*, *95*, 128–138. https://doi.org/10.1016/j.

brat.2017.06.004

Cohen, L. L., Vowles, K. E., & Eccleston, C. (2010). The impact of adolescent chronic pain on functioning: Disentangling the complex role of anxiety. *The Journal of Pain*, *11*(11), 1039–1046. https://doi.org/10.1016/j.jpain.2009.09.009

Coll, C. G., Kagan, J., & Reznick, J. S. (1984). Behavioral inhibition in young children. *Child Development, 55*(3), 1005–1019. https://doi.org/10.2307/1130152

Colonnesi, C., Draijer, E. M., Jan J. M. Stams, G., Van der Bruggen, C. O., Bögels, S. M., & Noom, M. J. (2011). The relation between insecure attachment and child anxiety: A meta-analytic review. *Journal of Clinical Child & Adolescent Psychology*, *40*(4), 630–645. https://doi.org/10.1080/15374416.2011.581623

Cooper, P. J., Gallop, C., Willetts, L., & Creswell, C. (2008). Treatment response in child anxiety is differentially related to the form of maternal anxiety disorder. *Behavioural and Cognitive Psychotherapy*, *36*(1), 41–48. https://doi.org/10.1017/S1352465807003943

Cooper, S. E., Miranda, R., & Mennin, D. S. (2013). Behavioral indicators of emotional avoidance and subsequent worry in generalized anxiety disorder and depression. *Journal of Experimental Psychopathology*, *4*(5), 566–583. https://doi.org/10.5127/jep.033512

Costello, E. J., Egger, H. L., & Angold, A. (2004). Epidemiology of anxiety disorders. In T. H. Ollendick, & J. S. March (Eds.) *Phobic and anxiety disorders in children and adolescents: A clinician's guide to effective psychosocial and pharmacological interventions* (pp. 61–91). Oxford: Oxford University Press. https://doi.org/10.1093/med:psych/9780195135947.003.0003

Cox, R. C., Cole, D. A., Kramer, E. L., & Olatunji, B. O. (2018). Prospective associations between sleep disturbance and repetitive negative thinking: The mediating roles of focusing and shifting attentional control. *Behavior Therapy*, *49*(1), 21–31. https://doi.org/10.1016/j.beth.2017.08.007

Creswell, C., Apetroaia, A., Murray, L., & Cooper, P. (2013). Cognitive, affective, and behavioral characteristics of mothers with anxiety disorders in the context of child anxiety disorder. *Journal of Abnormal Psychology*, *122* (1), 26–38. https://doi.org/10.1037/a0029516

Creswell, C., & Cartwright-Hatton, S. (2007). Family treatment of child anxiety:

Outcomes, limitations and future directions. *Clinical Child and Family Psychology Review, 10*(3), 232–252. https://doi.org/10.1007/s10567-007-0019-3

Creswell, C., & O'Connor, T. G. (2006). "Anxious cognitions" in children: An exploration of associations and mediators. *British Journal of Developmental Psychology, 24*(4), 761–766. https://doi.org/10.1348/026151005X70418

Crick, N. R., & Dodge, K. A. (1994). A review and reformulation of social information-processing mechanisms in children's social adjustment. *Psychological Bulletin, 115*(1), 74–101. https://doi.org/10.1037/0033-2909.115.1.74

Crick, N. R., & Dodge, K. A. (1996). Social information-processing mechanisms in reactive and proactive aggression. *Child Development, 67*(3), 993–1002. https://doi.org/10.2307/1131875

Crombez, G., Bijttebier, P., Eccleston, C., Mascagni, T., Mertens, G., Goubert, L., & Verstraeten, K. (2003). The child version of the pain catastrophizing scale (PCS-C): A preliminary validation. *Pain, 104*(3), 639–646. https://doi.org/10.1016/s0304-3959(03)00121-0

Crosby Budinger, M., Drazdowski, T. K., & Ginsburg, G. S. (2013). Anxiety-promoting parenting behaviors: A comparison of anxious parents with and without social anxiety disorder. *Child Psychiatry & Human Development, 44*(3), 412–418. https://doi.org/10.1007/s10578-012-0335-9

Cuffe, S. P., Visser, S. N., Holbrook, J. R., Danielson, M. L., Geryk, L. L., Wolraich, M. L., & McKeown, R. E. (2015). ADHD and psychiatric comorbidity: Functional outcomes in a school-based sample of children. *Journal of Attention Disorders*, 1087054715613437. https://doi.org/10.1177/1087054715613437

D'Zurilla, T. J., & Goldfried, M. R. (1971). Problem solving and behavior modification. *Behavior Therapy, 78*(1), 107–126. https://doi.org/10.1037/h0031360

Dai, L., Zhou, Y., Yin, M., Wang, X., & Deng, Y. (2019). Preliminary examination of the measurement invariance of the metacognition about health questionnaire: A study on Chinese and British nursing students. *Current Psychology*. https://doi.org/10.1007/s12144-019-00517-1

Daleiden, E. L., & Vasey, M. W. (1997). An information-processing perspective on childhood anxiety. *Clinical Psychology Review, 17*(4), 407–429. https://doi.org/10.1016/s0272-7358(97)00010-x

参考文献

Danielsson, N. S., Harvey, A. G., MacDonald, S., Jansson-Fröjmark, M., & Linton, S. J. (2013). Sleep disturbance and depressive symptoms in adolescence: The role of catastrophic worry. *Journal of Youth and Adolescence*, *42*(8), 1223–1233. https://doi.org/10.1007/s10964-012-9811-6

Davey, G. C. L. (1994a). Pathological worrying as exacerbated problem-solving. In G. C. L. Davey, & F. Tallis (Eds.), *Worrying: Perspectives on theory, assessment and treatment* (pp. 35–59). New York: John Wiley & Sons.

Davey, G. C. L. (1994b). Worrying, social problem-solving abilities, and social problem-solving confidence. *Behaviour Research and Therapy*, *32*(3), 327–330. https://doi.org/10.1016/0005-7967(94)90130-9

Davey, G. C. L. (2006). The catastrophising interview procedure. In G. C. Davey, & A. Wells (Eds.), *Worry and its psychological disorders: Theory, assessment and treatment* (pp. 157–176). Chichester: John Wiley & Sons Ltd. https://doi.org/10.1002/9780470713143.ch10

de Rosnay, M., Cooper, P. J., Tsigaras, N., & Murray, L. (2006). Transmission of social anxiety from mother to infant: An experimental study using a social referencing paradigm. *Behaviour Research and Therapy*, *44*(8), 1165–1175. https://doi.org/10.1016/j.brat.2005.09.003

Derakshan, N., & Eysenck, M. W. (2009). Anxiety, processing efficiency, and cognitive performance: New developments from attentional control theory. *European Psychologist*, *14*(2), 168–176. https://doi.org/10.1027/1016-9040.14.2.168

Diamond, A. (2013). Executive functions. *Annual Review of Psychology*, *64*(1), 135–168. https://doi.org/10.1146/annurev-psych-113011-143750

DiBonaventura, M., Toghanian, S., Järbrink, K., & Locklear, J. (2014). Economic and humanistic burden of illness in generalized anxiety disorder: An analysis of patient survey data in Europe. *ClinicoEconomics and Outcomes Research*, 151. https://doi.org/10.2147/CEOR.S55429

Dodge, K. A., & Crick, N. (1990). Social information-processing bases of aggressive behavior in children. *Personality and Social Psychology Bulletin*, *16*(1), 8–22. https://doi.org/10.1177/0146167290161002

Donovan, C. L., Holmes, M. C., & Farrell, L. J. (2016). Investigation of the cognitive variables associated with worry in children with generalised anxiety disorder and their parents. *Journal of Affective Disorders*, *192*, 1–7. https://doi.org/10.1016/j.jad.2015.12.003

Donovan, C. L., Holmes, M. C., Farrell, L. J., & Hearn, C. S. (2017). Thinking about worry: Investigation of the cognitive components of worry in children. *Journal of Affective Disorders*, *208*, 230–237. https://doi.10.1016/j.jad.2016.09.061

Drake, K. L.,& Ginsburg, G. S. (2011). Parentingpracticesofanxiousandnonanxious mothers: A multi-method, multi-informant approach. *Child & Family Behavior Therapy*, *33*(4), 299–321. https://doi.org/10.1080/07317107.2011.623101

Dudeney, J., Sharpe, L., & Hunt, C. (2015). Attentional bias towards threatening stimuli in children with anxiety: A meta-analysis. *Clinical Psychology Review*, *40*, 66–75. https://doi.org/10.1016/j.cpr.2015.05.007

Dugas, M. J., & Ladouceur, R. (2000). Targeting intolerance of uncertainty in two types of worry. *Behavioral Modification, 24* (5), 635–657.

Dugas, M. J., Ladouceur, R., Léger, E., Freeston, M. H., Langolis, F., Provencher, M. D., & Boisvert, J.-M. (2003). Group cognitive-behavioral therapy for generalized anxiety disorder: Treatment outcome and long-term follow-up. *Journal of Consulting and Clinical Psychology*, *71*(4), 821–825. https://doi.org/10.1037/0022-006X.71.4.821

Dugas, M. J., Laugesen, N., & Bukowski, W. M. (2012). Intolerance of uncertainty, fear of anxiety, and adolescent worry. *Journal of Abnormal Child Psychology*, *40*(6), 863–870. https://doi.org/10.1007/s10802-012-9611-1

Dugas, M. J., Marchand, A., & Ladouceur, R. (2005). Further validation of a cognitive-behavioral model of generalized anxiety disorder: Diagnostic and symptom specificity. *Journal of Anxiety Disorders*, *19*(3), 329–343. https://doi.org/10.1016/j.janxdis.2004.02.002

Dugas, M. J., & Robichaud, M. (2007). *Cognitive behavioral therapy for generalized anxiety disorder: From science to practice*. New York: Routledge.

Dugas, M. J., Savard, P., Gaudet, A., Turcotte, J., Laugesen, N., Robichaud, M., Francis, K., & Koerner, N. (2007). Can the components of a cognitive model predict the severity of generalized anxiety disorder? *Behavior Therapy*, *38*(2), 169–178. https://doi.org/10.1016/j.beth.2006.07.002

Dumontheil, I. (2014). Development of abstract thinking during childhood and adolescence: The role of rostrolateral prefrontal cortex. *Developmental Cognitive Neuroscience, 10*, 57–76. https://doi.org/10.1016/j.dcn.2014.07.009

Dunn, J. (1988). *The beginnings of social understanding.* Cambridge, MA: Harvard University Press.

Dunn, L. M., & Dunn, D. M. (2009). *The British picture vocabulary scale.* London: GL Assessment Limited

Eccleston, C., Crombez, G., Scotford, A., Clinch, J., & Connell, H. (2004). Adolescent chronic pain: Patterns and predictors of emotional distress in adolescents with chronic pain and their parents. *PAIN, 108*(3), 221. https://doi.org/10.1016/j.pain.2003.11.008

Eccleston, C., Fisher, E. A., Vervoort, T., & Crombez, G. (2012). Worry and catastrophizing about pain in youth: A reappraisal. *Pain, 153*(8), 1560–1562. https://doi.org/10.1016/j.pain.2012.02.039

Eisen, A. R., & Silverman, W. K. (1998). Prescriptive treatment for generalized anxiety disorder in children. *Behavior Therapy, 29*(1), 105–121. https://doi.org/10.1016/S0005-7894(98)80034-8

Eley, T. C., McAdams, T. A., Rijsdijk, F. V., Lichtenstein, P., Narusyte, J., Reiss, D., Spotts, E. L., Ganiban, J. M., & Neiderhiser, J. M. (2015). The intergenerational transmission of anxiety: A children-of-twins study. *American Journal of Psychiatry, 172*(7), 630–637. https://doi.org/10.1176/ appi.ajp.2015.14070818

Ellis, D. M., & Hudson, J. L. (2010). The metacognitive model of generalized anxiety disorder in children and adolescents. *Clinical Child and Family Psychology Review, 13*(2), 151–163. https:// https://doi. org/10.1007/s10567-010-0065-0

Emde, R. N. (1992). Social referencing research. In S. Feinman (Ed.), *Social referencing and the social construction of reality in infancy* (pp. 79–94). New York: Springer US. https://doi.org/10.1007/978-1-4899-2462-9_4

Eng, W., & Heimberg, R. G. (2006). Interpersonal correlates of generalized anxiety disorder: Self versus other perception. *Journal of Anxiety Disorders, 20*(3), 380–387. https://doi.org/10.1016/j.janxdis.2005.02.005

Esbjørn, B. H., Bender, P. K., Reinholdt-Dunne, M. L., Munck, L. A., & Ollendick, T. H. (2012). The development of anxiety disorders: Considering the contributions of attachment and emotion regulation. *Clinical Child and Family Psychology*

Review, *15*(2), 129–143. https://doi.org/10.1007/s10567-011-0105-4

Esbjørn, B. H., Breinholst, S., Christiansen, B. M., Bukh, L., & Walczak, M. (2019). Increasing access to low-intensity interventions for childhood anxiety: A pilot study of a guided self-help program for Scandinavian parents. *Scandinavian Journal of Psychology*, *60*(4), 323–328. https://doi.org/10.1111/ sjop.12544

Esbjørn, B. H., Lønfeldt, N. N., Nielsen, S., Reinholdt-Dunne, M. L., Sømhovd, M. J., & Cartwright-Hatton, S. (2015). Meta-worry, worry, and anxiety in children and adolescents: Relationships and interactions. *Journal of Clinical Child & Adolescent Psychology*, *44*(1), 145–156.

Esbjørn, B. H., Normann, N., Christiansen, B. M., & Reinholdt-Dunne, M. L. (2018). The efficacy of group metacognitive therapy for children (MCT-c) with generalized anxiety disorder: An open trial. *Journal of Anxiety Disorders*, *53*, 16–21. https://doi.org/10.1016/j.janxdis.2017.11.002

Esbjørn, B. H., Normann, N., Lonfeldt, N. N., Tolstrup, M., & Reinholdt-Dunne, M. L. (2016). Exploring the relationships between maternal and child metacognitions and child anxiety. *Scandinavian Journal of Psychology*, *57*(3), 201–206. https://doi.org/10.1111/sjop.12286

Esbjørn, B. H., Normann, N., & Reinholdt-Dunne, M. L. (2015). Adapting metacognitive therapy to children with generalised anxiety disorder: Suggestions for a manual. *Journal of Contemporary Psychotherapy*, *45*(3), 159–166. https://doi.org/10.1007/s10879-015-9294-3

Esbjørn, B. H., Sømhovd, M. J., Holm, J. M., Lonfeldt, N. N., Bender, P. K., Nielsen, S. K., & Reinholdt-Dunne, M. L. (2013). A structural assessment of the 30-item metacognitions questionnaire for children and its relations to anxiety symptoms. *Psychological Assessment*, *25*(4), 1211–1219. https://doi. org/10.1037/a0033793

Esbjørn, B. H., Sømhovd, M. J., Nielsen, S. K., Normann, N., Leth, I., & Reinholdt-Dunne, M. L. (2014). Parental changes after involvement in their anxious child's cognitive behavior therapy. *Journal of Anxiety Disorders*, *28*(7), 664–670. https://doi.org/10.1016/j.janxdis.2014.07.008

Essau, C. A., Sakano, Y., Ishikawa, S., & Sasagawa, S. (2004). Anxiety symptoms in Japanese and in German children. *Behaviour Research and Therapy*, *42*(5), 601–612. https://doi.org/10.1016/S0005-7967(03)00164-5

Esters, I. G. (2003). Salient Worries of at-risk youth: Needs assessment using the things I worry about scale. *Adolescence, 38*(150), 279–285.

Evans, R., Hill, C., O'Brien, D., & Creswell, C. (2019). Evaluation of a group format of clinician-guided, parent-delivered cognitive behavioural therapy for child anxiety in routine clinical practice: A pilot-implementation study. *Child and Adolescent Mental Health, 24*(1), 36–43. https://doi.org/10.1111/camh.12274

Eysenck, M. W., Derakshan, N., Santos, R., & Calvo, M. G. (2007). Anxiety and cognitive performance: Attentional control theory. *Emotion, 7*(2), 336–353. https://doi.org/10.1037/1528-3542.7.2.336

Feng, Y.-C., Krahé, C., Sumich, A., Meeten, F., Lau, J. Y. F., & Hirsch, C. R. (2019). Using event-related potential and behavioural evidence to understand interpretation bias in relation to worry. *Biological Psychology, 148*, 107746. https://doi.org/10.1016/j.biopsycho.2019.107746

Ferdinand, R. F., Dieleman, G., Ormel, J., & Verhulst, F. C. (2007). Homotypic versus heterotypic continuity of anxiety symptoms in young adolescents: Evidence for Distinctions between DSM-IV subtypes. *Journal of Abnormal Child Psychology, 35*(3), 325–333. https://doi.org/10.1007/s10802-006-9093-0

Fialko, L., Bolton, D., & Perrin, S. (2012). Applicability of a cognitive model of worry to children and adolescents. *Behaviour Research and Therapy, 50*(5), 341–349. https://doi.org/10.1016/j.brat.2012.02.003

Field, A. P., & Lawson, J. (2003). Fear information and the development of fears during childhood: Effects on implicit fear responses and behavioural avoidance. *Behaviour Research and Therapy, 41*(11), 1277–1293. https://doi.org/10.1016/S0005-7967(03)00034-2

Fisak, B., Holderfield, K. G., Douglas-Osborn, E., & Cartwright-Hatton, S. (2012). What do parents worry about? Examination of the construct of parent worry and the relation to parent and child anxiety. *Behavioural and Cognitive Psychotherapy, 40*(05), 542–557. https://doi.org/10.1017/S1352465812000410

Fisak, B., Mentuccia, M., & Przeworski, A. (2014). Meta-worry in adolescents: examination of the psychometric properties of the meta-worry questionnaire in an adolescent sample. *Behavioural and Cognitive Psychotherapy, 42*(04), 491–496. https://doi.org/10.1017/S1352465813000374

Fisher, E., Keogh, E., & Eccleston, C. (2017). Everyday worry in adolescents with and without chronic pain: A diary study. *Psychology, Health & Medicine, 22*(7), 800–807. https://doi.org/10.1080/13548506.2017.1280175

Flavell, J. H. (1979). Metacognition and cognitive monitoring: A new area of cognitive–developmental inquiry. *American Psychologist, 34*(10), 906. https://doi.10.1037/0003-066X.34.10.906

Flavell, J. H. (1999). Cognitive development: Children's knowledge about the mind. *Annual Review of Psychology, 50*(1), 21–45. https://doi.org/10.1146/annurev.psych.50.1.21

Flavell, J. H., Friedrichs, A. G., & Hoyt, J. D. (1970). Developmental changes in memorization processes. *Cognitive Psychology, 1*(4), 324–340. https://doi.org/10.1016/0010-0285(70)90019-8

Fletcher, F. E., Conduit, R., Foster-Owens, M. D., Rinehart, N. J., Rajaratnam, S. M. W., & Cornish, K. M. (2018). The association between anxiety symptoms and sleep in school-aged children: A combined insight from the children's sleep habits questionnaire and actigraphy. *Behavioral Sleep Medicine, 16*(2), 169–184. https://doi.org/10.1080/15402002.2016.1180522

Flynn, B., & Wilson, C. (submitted). *Adolescents experience of worry, fear and stress; comparing autistic and neurotypical adolescents.*

Folk, J. B., Zeman, J. L., Poon, J. A., & Dallaire, D. H. (2014). A longitudinal examination of emotion regulation: Pathways to anxiety and depressive symptoms in urban minority youth. *Child and Adolescent Mental Health, 19*(4), 243–250. https://doi.org/10.1111/camh.12058

Forslund, T., Brocki, K. C., Bohlin, G., Granqvist, P., & Eninger, L. (2016). The heterogeneity of attention-deficit/hyperactivity disorder symptoms and conduct problems: Cognitive inhibition, emotion regulation, emotionality, and disorganized attachment. *British Journal of Developmental Psychology, 34*(3), 371–387. https://doi.org/10.1111/bjdp.12136

Foster, C., Startup, H., Potts, L., & Freeman, D. (2010). A randomised controlled trial of a worry intervention for individuals with persistent persecutory delusions. *Journal of Behavior Therapy and Experimental Psychiatry, 41*(1), 45–51. https://doi.org/10.1016/j.jbtep.2009.09.001

Fowler, S., & Szabó, M. (2013). The emotional experience associated with worrying in adolescents. *Journal of Psychopathology and Behavioral Assessment, 35*(1), 65–75. https://doi.org/10.1007/s10862-012-9316-3

Francis, K., & Dugas, M. J. (2004). Assessing positive beliefs about worry: Validation of a structured interview. *Personality and Individual Differences, 37*(2), 405–415. https://doi.org/10.1016/j.paid.2003.09.012

Freeman, D., Dunn, G., Startup, H., Pugh, K., Cordwell, J., Mander, H., Černis, E., Wingham, G., Shirvell, K., & Kingdon, D. (2015). Effects of cognitive behaviour therapy for worry on persecutory delusions in patients with psychosis (WIT): A parallel, single-blind, randomised controlled trial with a mediation analysis. *The Lancet Psychiatry, 2*(4), 305–313. https://doi.org/ 10.1016/S2215-0366(15)00039-5

Freeman, D., & Garety, P. A. (1999). Worry, worry processes and dimensions of delusions: And exploratory investigation of a role for anxiety processes in the maintenance of delusional distress. *Behavioural and Cognitive Psychotherapy, 27*, 47–52. https://doi.org/10.1017/s135246589927107x

Galbraith, N., Manktelow, K., Chen-Wilson, C.-H., Harris, R., & Nevill, A. (2014). Different combinations of perceptual, emotional, and cognitive factors predict three different types of delusional ideation during adolescence. *The Journal of Nervous and Mental Disease, 202*(9), 668–676. https://doi. org/10.1097/NMD.0000000000000179

Gauntlett-Gilbert, J., & Eccleston, C. (2007). Disability in adolescents with chronic pain: Patterns and predictors across different domains of functioning. *PAIN, 131*(1), 132. https://doi.org/10.1016/j.pain.2006.12.021

Gentes, E. L., & Ruscio, A. M. (2011). A meta-analysis of the relation of intolerance of uncertainty to symptoms of generalized anxiety disorder, major depressive disorder, and obsessive–compulsive disorder. *Clinical Psychology Review, 31*(6), 923–933. https://doi.org/10.1016/j.cpr.2011.05.001

Gerlach, A. L., Adam, S., Marschke, S., & Melfsen, S. (2008). *Development and validation of a child version of the metacognitions questionnaire.* 38th Annual Congress of the European Association for Behavioural and Cognitive Therapies.

Geronimi, E. M. C., Patterson, H. L., & Woodruff-Borden, J. (2016). Relating worry and executive functioning during childhood: The moderating role of age. *Child Psychiatry & Human Development*, *47*(3), 430–439. https://doi.org/10.1007/s10578-015-0577-4

Ghafoor, H., Ahmad, R. A., Nordbeck, P., Ritter, O., Pauli, P., & Schulz, S. M. (2019). A cross-cultural comparison of the roles of emotional intelligence, metacognition, and negative coping for health-related quality of life in German versus Pakistani patients with chronic heart failure. *British Journal of Health Psychology*, *24*(4), 828–846. https://doi.org/10.1111/bjhp.12381

Gifford, S., Reynolds, S., Bell, S., & Wilson, C. (2008). Threat interpretation bias in anxious children and their mothers. *Cognition & Emotion*, *22*(3), 497–508. https://doi.org/10.1080/02699930801886649

Gill, A. H., Papageorgiou, C., Gaskell, S. L., & Wells, A. (2013). Development and preliminary validation of the thought control questionnaire for adolescents (TCQ-A). *Cognitive Therapy and Research*, *37*(2), 242–255. https://doi.org/10.1007/s10608-012-9465-4

Ginsburg, G. S., Grover, R. L., Cord, J. J., & Ialongo, N. (2006). Observational measures of parenting in anxious and nonanxious mothers: Does type of task matter? *Journal of Clinical Child & Adolescent Psychology*, *35*(2), 323–328. https://doi.org/10.1207/s15374424jccp3502_16

Ginsburg, G. S., Grover, R. L., & Ialongo, N. (2005). Parenting behaviors among anxious and non-anxious mothers: Relation with concurrent and long-term child outcomes. *Child & Family Behavior Therapy, 26*(4), 23–41. https://doi.org/10.1300/J019v26n04_02

Glod, M., Riby, D. M., & Rodgers, J. (2019). Short report: Relationships between sensory processing, repetitive behaviors, anxiety, and intolerance of uncertainty in autism spectrum disorder and Williams syndrome. *Autism Research*. https://doi.org/10.1002/aur.2096

Goodwin, H., Yiend, J., & Hirsch, C. R. (2017). Generalized anxiety disorder, worry and attention to threat: A systematic review. *Clinical Psychology Review*, *54*, 107–122. https://doi.org/10.1016/j.cpr.2017.03.006

Goossen, B., van der Starre, J., & van der Heiden, C. (2019). A review of neuroimaging studies in generalized anxiety disorder: "So where do we stand?" *Journal of Neural Transmission*, *126*(9), 1203–1216. https://doi.org/10.1007/

s00702-019-02024-w Gramszlo, C., Geronimi, E. M. C., Arellano, B., & Woodruff-Borden, J. (2018). Testing a cognitive pathway between temperament and childhood anxiety. *Journal of Child and Family Studies*, *27*(2), 580–590. https://doi.org/10.1007/ s10826-017-0914-2

Gramszlo, C., & Woodruff-Borden, J. (2015). Emotional reactivity and executive control: A pathway of risk for the development of childhood worry. *Journal of Anxiety Disorders*, *35*, 35–41. https://doi.org/10.1016/j.janxdis.2015.07.005

Greenwald, A. G., McGhee, D. E., & Schwartz, J. L. K. (1998). Measuring individual differences in implicit cognition: The implicit association test. *Journal of Personality and Social Psychology*, *74*(6), 1464–1480.

Gregory, A. M., & Eley, T. C. (2007). Genetic influences on anxiety in children: What we've learned and where we're heading. *Clinical Child and Family Psychology Review*, *10*(3), 199–212. https://doi.org/10.1007/s10567-007-0022-8 Grüner, K., Muris, P., & Merckelbach, H. (1999). The relationship between anxious rearing behaviours and anxiety disorders symptomatology in normal children. *Journal of Behavior Therapy and Experimental Psychiatry*, *30*(1), 27–35. https:// doi.org/10.1016/S0005-7916(99)00004-X

Guajardo, N. R., McNally, L. F., & Wright, A. (2016). Children's spontaneous counterfactuals: The roles of valence, expectancy, and cognitive flexibility. *Journal of Experimental Child Psychology*, *146*, 79–94. https://doi.org/10.1016/j.jecp.2016.01.009

Guerreiro, D. F., Cruz, D., Frasquilho, D., Santos, J. C., Figueira, M. L., & Sampaio, (2013). Association between deliberate self-harm and coping in adolescents: A critical review of the last 10 years' literature. *Archives of Suicide Research*, *17*(2), 91–105. https://doi.org/10.1080/13811118.2013.776439

Hale, W. W., Engels, R., & Meeus, W. H. J. (2006). Adolescent's perceptions of parenting behaviours and its relationship to adolescent Generalized Anxiety Disorder symptoms. *Journal of Adolescence*, *29*(3), 407–417. https://doi.10.1016/j.adolescence.2005.08.002

Hale, W. W., Klimstra, T. A., Branje, S. J. T., Wijsbroek, S. A. M., & Meeus, W. H. J. (2013). Is adolescent generalized anxiety disorder a magnet for negative parental interpersonal behaviors? *Depression and Anxiety*, *30*(9), 849–856. https://doi.

org/10.1002/da.22065

Halldorsdottir, T., Ollendick, T. H., Ginsburg, G., Sherrill, J., Kendall, P. C., Walkup, J., Sakolsky, D. J., & Piacentini, J. (2015). Treatment outcomes in anxious youth with and without comorbid ADHD in the CAMS. *Journal of Clinical Child & Adolescent Psychology*, *44*(6), 985–991. https://doi.org/10.1080/15374416.2014.952008

Hare, D. J., Gracey, C., & Wood, C. (2016). Anxiety in high-functioning autism: A pilot study of experience sampling using a mobile platform. *Autism*, *20*(6), 730–743. https://doi.10.1177/1362361315604817

Harris, P. L., German, T., & Mills, P. (1996). Children's use of counterfactual thinking in causal reasoning. *Cognition*, *61*(3), 233–259. https://doi.org/10.1016/S0010-0277(96)00715-9

Harvey, A. G. (2002). A cognitive model of insomnia. *Behaviour Research and Therapy*, *40*(8), 869–893. https://doi.org/10.1016/S0005-7967(01)00061-4

Hawton, K., Kingsbury, S., Steinhardt, K., James, A., & Fagg, J. (1999). Repetition of deliberate self-harm by adolescents: The role of psychological factors. *Journal of Adolescence*, *22*(3), 369–378. https://doi.org/10.1006/jado.1999.0228

Hearn, C. S., Donovan, C. L., Spence, S. H., March, S., & Holmes, M. C. (2017). What's the worry with social anxiety? Comparing cognitive processes in children with generalized anxiety disorder and social anxiety disorder. *Child Psychiatry and Human Development*, *48*(5), 786–795. https://doi.org/10.1007/s10578-016-0703-y

Hebert, E. A., Dugas, M. J., Tulloch, T. G., & Holowka, D. W. (2014). Positive beliefs about worry: A psychometric evaluation of the why worry-II. *Personality and Individual Differences*, *56*, 3–8. https://doi.org/10.1016/j.paid.2013.08.009

Heffernan, M., Wilson, C., Keating, K., & McCarthy, K. (2020). "Why isn't it going away?": A qualitative exploration of worry and pain experiences in adolescents with chronic pain. *Pain Medicine*.

Henker, B., Whalen, C. K., & O'Neil, R. (1995). Worldly and workaday worries: Contemporary concerns of children and young adolescents. *Journal of Abnormal Child Psychology*, *23*(6), 685–702. https://doi.org/10.1007/BF01447472

Heppner, P. P., & Petersen, C. H. (1982). The development and implications of a personal problem-solving inventory. *Journal of Counseling Psychology*, *29*(1),

66. https://doi.org/10.1037/0022-0167.29.1.66

Heyne, D., King, N. J., Tonge, B. J., Rollings, S., Young, D., Pritchard, M., & Ollendick, T. H. (2002). Evaluation of child therapy and caregiver training in the treatment of school refusal. *Journal of the American Academy of Child & Adolescent Psychiatry*, *41*(6), 687–695. https://doi.org/10.1097/00004583-200206000-00008

Hiller, R. M., Lovato, N., Gradisar, M., Oliver, M., & Slater, A. (2014). Trying to fall asleep while catastrophising: What sleep-disordered adolescents think and feel. *Sleep Medicine*, *15*(1), 96–103. https://doi.org/10.1016/j.sleep.2013.09.014

Hirsch, C., Hayes, S., & Mathews, A. (2009). Looking on the bright side: Accessing benign meanings reduces worry. *Journal of Abnormal Psychology*, *118*(1), 44–54. https://doi.org/10.1037/a0013473

Hirsch, C. R., & Mathews, A. (2012). A cognitive model of pathological worry. *Behaviour Research and Therapy*, *50*(10), 636–646. https://doi.org/10.1016/j.brat.2012.06.007

Hirshfeld, D. R., Biederman, J., Brody, L., Faraone, S. V., & Rosenbaum, J. F. (1997). Expressed emotion toward children with behavioral inhibition: Associations with maternal anxiety disorder. *Journal of the American Academy of Child & Adolescent Psychiatry*, *36*(7), 910–917. https://doi.org/10.1097/00004583-199707000-00012

Hirshfeld-Becker, D. R., Micco, J., Henin, A., Bloomfield, A., Biederman, J., & Rosenbaum, J. (2008). Behavioral inhibition. *Depression and Anxiety*, *25*(4), 357–367. https://doi.org/10.1002/da.20490

Hodgson, A. R., Freeston, M. H., Honey, E., & Rodgers, J. (2017). Facing the unknown: Intolerance of uncertainty in children with autism spectrum disorder. *Journal of Applied Research in Intellectual Disabilities*, *30*(2), 336–344. https://doi.org/10.1111/jar.12245

Hoffman, D. L., Dukes, E. M., & Wittchen, H.-U. (2008). Human and economic burden of generalized anxiety disorder. *Depression and Anxiety*, *25*(1), 72–90. https://doi.org/10.1002/da.20257

Hollocks, M. J., Jones, C. R. G., Pickles, A., Baird, G., Happé, F., Charman, T., & Simonoff, E. (2014). The association between social cognition and executive functioning and symptoms of anxiety and depression in adolescents with autism spectrum disorders: Neurocognitive ability, anxiety, and depression. *Autism Research*, 7(2), 216–228. https://doi.org/10.1002/aur.1361

Hollocks, M. J., Lerh, J. W., Magiati, I., Meiser-Stedman, R., & Brugha, T. S. (2019). Anxiety and depression in adults with autism spectrum disorder: A systematic review and meta-analysis. *Psychological Medicine*, 49(4), 559–572. https://doi.org/10.1017/S0033291718002283

Holmes, M. C., Donovan, C. L., Farrell, L. J., & March, S. (2014). The efficacy of a group-based, disorder-specific treatment program for childhood GAD— A randomized controlled trial. *Behaviour Research and Therapy*, 61, 122–135. https://doi.org/10.1016/j.brat.2014.08.002

Hong, R. Y. (2007). Worry and rumination: Differential associations with anxious and depressive symptoms and coping behavior. *Behaviour Research and Therapy*, 45(2), 277–290. https://doi.org/10.1016/j.brat.2006.03.006

Houghton, S., Alsalmi, N., Tan, C., Taylor, M., & Durkin, K. (2017). Treating comorbid anxiety in adolescents with ADHD using a cognitive behavior therapy program approach. *Journal of Attention Disorders*, 21(13), 1094–1104. https://doi.org/10.1177/1087054712473182

Hudson, J. L., Rapee, R. M., Lyneham, H. J., McLellan, L. F., Wuthrich, V. M., & Schniering, C. A. (2015a). Comparing outcomes for children with different anxiety disorders following cognitive behavioural therapy. *Behaviour Research and Therapy*, 72, 30–37. https://doi.org/10.1016/j.brat.2015.06.007

Hudson, J. L., Rapee, R. M., Lyneham, H. J., McLellan, L. F., Wuthrich, V. M., & Schniering, C. A. (2015b). Comparing outcomes for children with different anxiety disorders following cognitive behavioural therapy. *Behaviour Research and Therapy*, 72, 30–37. https://doi.org/10.1016/j.brat.2015.06.007

Hughes, C., & Leekam, S. (2004). What are the links between theory of mind and social relations? Review, reflections and new directions for studies of typical and atypical development. *Social Development*, 13(4), 590–619. https://doi.org/10.1111/j.1467-9507.2004.00285.x

Iijima, Y., & Tanno, Y. (2013). The moderating role of positive beliefs about worry in the relationship between stressful events and worry. *Personality and Individual Differences*, 55(8), 1003–1006. https://doi.org/10.1016/j.paid.2013.08.004

Ishizu, K., Shimoda, Y., & Ohtsuki, T. (2017). The reciprocal relations between experiential avoidance, school stressor, and psychological stress response among Japanese adolescents. *PLOS ONE, 12*(11), e0188368. https://doi.org/10.1371/journal.pone.0188368

Jacob, M. L., Suveg, C., & Whitehead, M. R. (2014). Relations between emotional and social functioning in children with anxiety disorders. *Child Psychiatry & Human Development, 45*(5), 519–532. https://doi.org/10.1007/s10578-013-0421-7

Jacobi, D. M., Calamari, J. E., & Woodard, J. L. (2006). Obsessive–compulsive disorder beliefs, metacognitive beliefs and obsessional symptoms: Relations between parent beliefs and child symptoms. *Clinical Psychology & Psychotherapy, 13*(3), 153–162. https://doi.org/10.1002/cpp.485

Jager, J., Mahler, A., An, D., Putnick, D. L., Bornstein, M. H., Lansford, J. E., Dodge, K. A., Skinner, A. T., & Deater-Deckard, K. (2016). Early adolescents' unique perspectives of maternal and paternal rejection: Examining their across-dyad generalizability and relations with adjustment 1 year later. *Journal of Youth and Adolescence, 45*(10), 2108–2124. https://doi.org/10.1007/s10964-016-0509-z

Jang, J., Matson, J. L., Williams, L. W., Tureck, K., Goldin, R. L., & Cervantes, P. E. (2013). Rates of comorbid symptoms in children with ASD, ADHD, and comorbid ASD and ADHD. *Research in Developmental Disabilities, 34*(8), 2369–2378. https://doi.org/10.1016/j.ridd.2013.04.021

Jensen, P., Martin, D., & Cantwell, D. (1997). Comorbidity in ADHD implications for research, practice and DSM-V. *Journal of the American Academy of Child & Adolescent Psychiatry, 36*(8), 1065–1079. https://doi.org./10.1097/00004583-199708000-00014

Kagan, J., Reznick, J. S., Clarke, C., & Snidman, N. (1984). Behavioral inhibition to the unfamiliar. *Child Development, 55*, 2212–2225. https://doi.org/10.2307/1129793

Kagan, J., Reznick, J. S., & Snidman, N. (1987). The physiology and psychology of behavioral inhibition in children. *Child Development, 58*, 1459–1473. https://doi.org/10.2307/1130685

Kaitz, M., Maytal, H. R., Devor, N., Bergman, L., & Mankuta, D. (2010). Maternal anxiety, mother–infant interactions, and infants' response to challenge.

Infant Behavior and Development, 33(2), 136–148. https://doi.org/10.1016/j.infbeh.2009.12.003

Keen, R. (2011). The development of problem solving in young children: A critical cognitive skill. *Annual Review of Psychology*, 62(1), 1–21. https://doi.org/10.1146/annurev.psych.031809.130730

Keltikangas-Jarvinen, L. (2002). Aggressive problem-solving strategies, aggressive behavior, and social acceptance in early and late adolescence. *Journal of Youth and Adolescence*, 31(4), 279–287. https://doi.org/10.1023/A:1015445500935

Kendall, P. C. (1994). Treating anxiety disorders in children: Results of a randomized clinical trial. *Journal of Consulting and Clinical Psychology*, 62(1), 100–110. https://doi.org/10.1037/0022-006X.62.1.100

Kennedy, S. M., & Ehrenreich-May, J. (2017). Assessment of emotional avoidance in adolescents: Psychometric properties of a new multidimensional measure. *Journal of Psychopathology and Behavioral Assessment*, 39(2), 279–290. https://doi.org/10.1007/s10862-016-9581-7

Kerns, C. E., Mennin, D. S., Farach, F. J., & Nocera, C. C. (2014). Utilizing an ability-based measure to detect emotion regulation deficits in generalized anxiety disorder. *Journal of Psychopathology and Behavioral Assessment*, 36(1), 115–123. https://doi.org/10.1007/s10862-013-9372-3

Kertz, S. J., Belden, A. C., Tillman, R., & Luby, J. (2016). Cognitive control deficits in shifting and inhibition in preschool age children are associated with increased depression and anxiety over 7.5 years of development. *Journal of Abnormal Child Psychology*, 44(6), 1185–1196. https://doi.org/10.1007/s10802-015-0101-0 Kertz, S., & Woodruff-Borden, J. (2013). The role of metacognition, intolerance of uncertainty, and negative problem orientation in children's worry. *Behavioural and Cognitive Psychotherapy*, 41(02), 243–248.

Klemanski, D. H., Curtiss, J., McLaughlin, K. A., & Nolen-Hoeksema, S. (2017). Emotion regulation and the transdiagnostic role of repetitive negative thinking in adolescents with social anxiety and depression. *Cognitive Therapy and Research*, 41(2), 206–219. https://doi.org/10.1007/s10608-016-9817-6

Koerner, N., & Dugas, M. J. (2006). A cognitive model of generalized anxiety disorder: The role of intolerance of uncertainty. In G. C. L. Davey, & A.

Wells (Eds.), *Worry and its psychological disorders: Theory, assessment and treatment.* (pp. 201–216). Chichester: John Wiley & Sons Ltd. https://doi.org/10.1002/9780470713143.ch12

Koffel, E., Bramoweth, A. D., & Ulmer, C. S. (2018). Increasing access to and utilization of cognitive behavioral therapy for insomnia (CBT-I): A narrative review. *Journal of General Internal Medicine, 33*(6), 955–962. https://doi.org/10.1007/s11606-018-4390-1

Kolomeyer, E., & Renk, K. (2016). Family-based cognitive–behavioral therapy for an intelligent, elementary school-aged child with generalized anxiety disorder. *Clinical Case Studies, 15*(6), 443–458. https://doi.org/10.1177/1534650116668046

Kramer, H. J., Goldfarb, D., Tashjian, S. M., & Lagattuta, K. H. (2017). "These pretzels are making me thirsty": Older children and adults struggle with induced-state episodic foresight. *Child Development, 88*(5), 1554–1562. https://doi.org/10.1111/cdev.12700

Kroska, E. B., Miller, M. L., Roche, A. I., Kroska, S. K., & O'Hara, M. W. (2018). Effects of traumatic experiences on obsessive-compulsive and internalizing symptoms: The role of avoidance and mindfulness. *Journal of Affective Disorders, 225*, 326–336. https://doi.org/10.1016/j.jad.2017.08.039

Kwon, S. J., Kim, Y., & Kwak, Y. (2018). Difficulties faced by university students with self-reported symptoms of attention-deficit hyperactivity disorder: A qualitative study. *Child and Adolescent Psychiatry and Mental Health, 12*, 12. https://doi.org/10.1186/s13034-018-0218-3

Ladouceur, R., Blais, F., Freeston, M. H., & Dugas, M. J. (1998). Problem solving and problem orientation in generalized anxiety disorder. *Journal of Anxiety Disorders, 12*(2), 139–152. https://doi.org/10.1016/S0887-6185(98)00002-4

Lagattuta, K. H. (2007). Thinking about the future because of the past: Young children's knowledge about the causes of worry and preventative decisions. *Child Development, 78*(5), 1492–1509. https://doi.org/10.1111/j.1467-8624.2007.01079.x

Lagattuta, K. H., & Sayfan, L. (2011). Developmental changes in children's understanding of future likelihood and uncertainty. *Cognitive Development, 26*(4),

315–330. https://doi.org/10.1016/j.cogdev.2011.09.004

Lagattuta, K. H., & Sayfan, L. (2013). Not all past events are equal: Biased attention and emerging heuristics in children's past-to-future forecasting. *Child Development, 84*(6), 2094–2111. https://doi.org/10.1111/cdev.12082

Lagattuta, K. H., Sayfan, L., & Bamford, C. (2012). Do you know how I feel? Parents underestimate worry and overestimate optimism compared to child self-report. *Journal of Experimental Child Psychology, 113*(2), 211–232.

Lagattuta, K. H., Sayfan, L., & Harvey, C. (2014). Beliefs about thought probability: Evidence for persistent errors in mindreading and links to executive control. *Child Development, 85*(2), 659–674. https://doi.org/10.1111/cdev.12154

Lagattuta, K. H., Tashjian, S. M., & Kramer, H. J. (2018). Does the past shape anticipation for the future? Contributions of age and executive function to advanced theory of mind. *Zeitschrift Für Psychologie, 226*(2), 122–133. https://doi.org/10.1027/2151-2604/a000328

Lagattuta, K. H., & Wellman, H. M. (2001). Thinking about the past: Early knowledge about links between prior experience, thinking, and emotion. *Child Development, 72*(1), 82–102. https://doi.org/10.1111/1467-8624.00267

Lagattuta, K. H., Wellman, H. M., & Flavell, J. H. (1997). Preschoolers' understanding of the link between thinking and feeling: Cognitive cuing and emotional change. *Child Development, 68*(6), 1081–1104. https://doi.org/10.1111/j.1467-8624.1997.tb01986.x

Lahat, A., Hong, M., & Fox, N. A. (2011). Behavioural inhibition: Is it a risk factor for anxiety? *International Review of Psychiatry, 23*(3), 248–257. https://doi.org/10.3109/09540261.2011.590468

Laing, S. V., Fernyhough, C., Turner, M., & Freeston, M. H. (2009). Fear, worry, and ritualistic behaviour in childhood: Developmental trends and interrelations. *Infant and Child Development, 18*(4), 351–366. https://doi.org/10.1002/icd.627

Lancee, J., Eisma, M. C., van Zanten, K. B., & Topper, M. (2017). When thinking impairs sleep: Trait, daytime and nighttime repetitive thinking in insomnia. *Behavioral Sleep Medicine, 15*(1), 53–69. https://doi.org/10.1080/15402002.2015.1083022

Larsen, J. T., To, Y. M., & Fireman, G. (2007). Children's understanding and experience of mixed emotions. *Psychological Science, 18*(2), 186–191. https://doi.org/10.1111/j.1467-9280.2007.01870.x

Last, C. G., Hersen, M., Kazdin, A., Orvaschel, H., & Perrin, S. (1991). Anxiety disorders in children and their families. *Archives of General Psychiatry, 48*(10), 928–934. https://doi.org/10.1001/archpsyc.1991.01810340060008

Last, C. G., Phillips, J. E., & Statfeld, A. (1987). Childhood anxiety disorders in mothers and their children. *Child Psychiatry & Human Development, 18*(2), 103–112. https://doi.org/10.1007/BF00709955

Laugesen, N., Dugas, M. J., & Bukowski, W. M. (2003). Understanding adolescent worry: The application of a cognitive model. *Journal of Abnormal Child Psychology, 31*(1), 55–64. https://doi.10.1023/a:1021721332181

Lebowitz, E. R., Marin, C., Martino, A., Shimshoni, Y., & Silverman, W. K. (2019). Parent-based treatment as efficacious as cognitive-behavioral therapy for childhood anxiety: A randomized noninferiority study of supportive parenting for anxious childhood emotions. *Journal of the American Academy of Child & Adolescent Psychiatry, 59*, 362–372 S089085671930173X. https://doi.org/10.1016/j.jaac.2019.02.014

Lebowitz, E. R., Omer, H., Hermes, H., & Scahill, L. (2014). Parent training for childhood anxiety disorders: The SPACE program. *Cognitive and Behavioral Practice, 21*(4), 456–469. https://doi.org/10.1016/j.cbpra.2013.10.004

Lee, J., Kim, M., & Park, M. (2014). The impact of internalized shame on social anxiety in adolescence: The mediating role of experiential avoidance. *Journal of Asia Pacific Counseling, 4*(1), 65–81. https://doi.org/10.18401/2014.4.1.5

Lee, J. K., Orsillo, S. M., Roemer, L., & Allen, L. B. (2010). Distress and avoidance in generalized anxiety disorder: Exploring the relationships with intolerance of uncertainty and worry. *Cognitive Behaviour Therapy, 39*(2), 126–136. https://doi.org/10.1080/16506070902966918

Leslie, A. M. (1994). ToMM, ToBy, and agency: Core architecture and domain specificity. In L.A. Hirschfeld, & S. A. Gelman (Eds). *Mapping the mind: Domain specificity in cognition and culture* (pp. 119–148). Cambridge: Cambridge University Press. https://doi.org/10.1017/CBO9780511752902.006

Lester, K. J., Field, A. P., & Cartwright-Hatton, S. (2012). Maternal anxiety and cognitive biases towards threat in their own and their child's environment. *Journal of Family Psychology, 26*(5), 756–766. https://doi.org/10.1037/ a0029711

Lester, K. J., Field, A. P., Oliver, S., & Cartwright-Hatton, S. (2009). Do anxious parents' interpretive biases towards threat extend into their child's environment? *Behaviour Research and Therapy, 47*(2), 170–174. https://doi.org/10.1016/j.brat. 2008.11.005

Levy, S., & Guttman, L. (1976). Worry, fear, and concern differentiated. *Israel Annals of Psychiatry & Related Disciplines, 14*(3), 211–228.

Lewandowski, L., Gathje, R. A., Lovett, B. J., & Gordon, M. (2013). Test-taking skills in college students with and without ADHD. *Journal of Psychoeducational Assessment, 31*(1), 41–52. https://doi.org/10.1177/0734282912446304

Lewinsohn, P. M., Clarke, G. N., Seeley, J. R., & Rohde, P. (1994). Major depression in community adolescents: Age at onset, episode duration, and time to recurrence. *Journal of the American Academy of Child & Adolescent Psychiatry, 33*(6), 809–818. https://doi.org/10.1097/00004583-199407000-00006

Lewinsohn, P. M., Duncan, E. M., Stanton, A. K., & Hautzinger, M. (1986). Age at first onset for nonbipolar depression. *Journal of Abnormal Psychology, 95*(4), 378–383. https://doi.org/10.1037/0021-843X.95.4.378

Liber, J. M., van Widenfelt, B. M., Goedhart, A. W., Utens, E. M. W. J., van der Leeden, A. J. M., Markus, M. T., & Treffers, P. D. A. (2008). Parenting and parental anxiety and depression as predictors of treatment outcome for childhood anxiety disorders: Has the role of fathers been underestimated? *Journal of Clinical Child & Adolescent Psychology, 37*(4), 747–758. https://doi.org/10.1080/15374410802359692

Liew, S. M., Thevaraja, N., Hong, R. Y., & Magiati, I. (2015). The relationship between autistic traits and social anxiety, worry, obsessive–compulsive, and depressive symptoms: Specific and non-specific mediators in a student sample. *Journal of Autism and Developmental Disorders, 45*(3), 858–872. https://doi.org/10.1007/s10803-014-2238-z

Lin, R.-M., Xie, S.-S., Yan, Y.-W., & Yan, W.-J. (2017). Intolerance of uncertainty and adolescent sleep quality: The mediating role of worry. *Personality and Individual Differences, 108*, 168–173. https://doi.org/10.1016/j.paid.2016.12.025

Lockman, J. J. (2000). A perception-action perspective on tool use development. *Child Development, 71*(1), 137–144. https://doi.org/10.1111/1467-8624.00127

Lønfeldt, N. N., Esbjørn, B. H., Normann, N., Breinholst, S., & Francis, S. E. (2017). Do mother's metacognitions, beliefs, and behaviors predict child anxiety-related metacognitions? *Child & Youth Care Forum, 46*(4), 577–599. https://doi.org/10.1007/s10566-017-9396-z

Lovibond, P. F., & Lovibond, S. H. (1995). The structure of negative emotional states: comparison of the depression anxiety stress scales (DASS) with the beck depression and anxiety inventories. *Behaviour Research and Therapy, 33*(3), 335–343. https://doi.org/10.1016/0005-7967(94)00075-U

Luis, T. M., Varela, R. E., & Moore, K. W. (2008). Parenting practices and childhood anxiety reporting in Mexican, Mexican American, and European American families. *Journal of Anxiety Disorders, 22*(6), 1011–1020. https://doi.org/10.1016/j.janxdis.2007.11.001

MacNeil, S., Deschênes, S. S., Caldwell, W., Brouillard, M., Dang-Vu, T.-T., & Gouin, J.-P. (2017). High-frequency heart rate variability reactivity and trait worry interact to predict the development of sleep disturbances in response to a naturalistic stressor. *Annals of Behavioral Medicine, 51*(6), 912–924. https://doi.org/10.1007/s12160-017-9915-z

Madhavakkannan, H., Jordan, A., Fisher, E., Wilson, C., Mullen, D., & Wainwright, (in preparation). *Worries, beliefs about worry and pain in adolescents with and without chronic pain.*

Mahy, C. E. V., Grass, J., Wagner, S., & Kliegel, M. (2014). These pretzels are going to make me thirsty tomorrow: Differential development of hot and cool episodic foresight in early childhood? *British Journal of Developmental Psychology, 32*(1), 65–77. https://doi.org/10.1111/bjdp.12023

Manassis, K., Lee, T. C., Bennett, K., Zhao, X. Y., Mendlowitz, S., Duda, S., Saini, M., Wilansky, P., Baer, S., Barrett, P., Bodden, D., Cobham, V. E., Dadds, M. R., Flannery-Schroeder, E., Ginsburg, G., Heyne, D., Hudson, J. L., Kendall, P. C., Liber, J., … Wood, J. J. (2014). Types of parental involvement in CBT with anxious youth: A preliminary meta-analysis. *Journal of Consulting and Clinical Psychology, 82*(6), 1163–1172. https://doi.org/10.1037/a0036969

March, J. S., Parker, J. D., Sullivan, K., Stallings, P., & Conners, C. K. (1997). The multidimensional anxiety scale for children (MASC): Factor structure, reliability, and validity. *Journal of the American Academy of Child and Adolescent Psychiatry*, *36*(4), 554–565. https://doi.org/10.1097/00004583-199704000-00019

Marganska, A., Gallagher, M., & Miranda, R. (2013). Adult attachment, emotion dysregulation, and symptoms of depression and generalized anxiety disorder. *American Journal of Orthopsychiatry*, *83*(1), 131–141. https://doi.org/10.1111/ajop.12001

Maric, M., van Steensel, F. J. A., & Bögels, S. M. (2018). Parental involvement in CBT for anxiety-disordered youth revisited: Family CBT outperforms child CBT in the long term for children with comorbid ADHD symptoms. *Journal of Attention Disorders*, *22*(5), 506–514. https://doi.org/10.1177/1087054715573991

McCathie, H., & Spence, S. H. (1991). What is the revised fear survey schedule for children measuring? *Behaviour Research and Therapy*, *29*(5), 495–502. https://doi.org/10.1016/0005-7967(91)90134-O

McEvoy, P. M., Erceg-Hurn, D. M., Anderson, R. A., Campbell, B. N. C., Swan, A., Saulsman, L. M., Summers, M., & Nathan, P. R. (2015). Group metacognitive therapy for repetitive negative thinking in primary and non-primary generalized anxiety disorder: An effectiveness trial. *Journal of Affective Disorders*, *175*, 124–132. https://doi.org/10.1016/j.jad.2014.12.046

McGowan, S. K., Behar, E., & Luhmann, M. (2016). Examining the relationship between worry and sleep: A daily process approach. *Behavior Therapy*, *47*(4), 460–473. https://doi.org/10.1016/j.beth.2015.12.003

McKinnon, A., Keers, R., Coleman, J. R. I., Lester, K. J., Roberts, S., Arendt, K., Bögels, S. M., Cooper, P., Creswell, C., Hartman, C. A., Fjermestad, K. W., In-Albon, T., Lavallee, K., Lyneham, H. J., Smith, P., Meiser-Stedman, R., Nauta, M. H., Rapee, R. M., Rey, Y., … Hudson, J. L. (2018). The impact of treatment delivery format on response to cognitive behaviour therapy for preadolescent children with anxiety disorders. *Journal of Child Psychology and Psychiatry, 59*, 763–72. https://doi.org/10.1111/jcpp.12872

McLeod, B. D., Wood, J. J., & Weisz, J. R. (2007). Examining the association between parenting and childhood anxiety: A meta-analysis. *Clinical Psychology*

Review, *27*(2), 155–172. https://doi.org/10.1016/j.cpr.2006.09.002

McMahon, A., Duane, Y., & Wilson, C. (in preparation). *Worry and associated processes in young people with sickle cell disease.*

McWilliams, L. A., Cox, B. J., & Enns, M. W. (2003). Mood and anxiety disorders associated with chronic pain: An examination in a nationally representative sample. *PAIN*, *106*(1), 127. https://doi.org/10.1016/S0304-3959(03)00301-4

Meagher, R., Chessor, D., & Fogliati, V. J. (2018). Treatment of pathological worry in children with acceptance-based behavioural therapy and a multisensory learning aide: A pilot study: Acceptance-based anxiety treatment for children. *Australian Psychologist*, *53*(2), 134–143. https://doi.org/10.1111/ap.12288

Meeten, F., & Davey, G. C. L. (2011). Mood-as-input hypothesis and perseverative psychopathologies. *Clinical Psychology Review*, *31*(8), 1259–1275. https://doi.org/10.1016/j.cpr.2011.08.002

Mendez, F. X., Quiles, M. J., & Hidalgo, M. D. (2001). The children's surgical worries questionnaire: Reliability and validity of a new self-report measure. *Children's Health Care*, *30*(4), 271–281. https://doi.org/10.1207/S15326888CHC3004_02

Mendlowitz, S. L., Manassis, K., Bradley, S., Scapillato, D., Miezitis, S., & Shaw, B. E. (1999). Cognitive-behavioral group treatments in childhood anxiety disorders: The role of parental involvement. *Journal of the American Academy of Child & Adolescent Psychiatry*, *38*(10), 1223–1229. https://doi.org/10.1097/00004583-199910000-00010

Mennin, D. S., Heimberg, R. G., Turk, C. L., & Fresco, D. M. (2002). Applying an emotion regulation framework to integrative approaches to generalized anxiety disorder. *Clinical Psychology: Science and Practice*, *9*(1), 85–90. https://doi.org/10.1093/clipsy/9.1.85

Mennin, D. S., Heimberg, R. G., Turk, C. L., & Fresco, D. M. (2005). Preliminary evidence for an emotion dysregulation model of generalized anxiety disorder. *Behaviour Research and Therapy*, *43*(10), 1281–1310. https://doi.org/10.1016/j.brat.2004.08.008

Mennin, D. S., McLaughlin, K. A., & Flanagan, T. J. (2009). Emotion regulation deficits in generalized anxiety disorder, social anxiety disorder, and their co-occurrence. *Journal of Anxiety Disorders*, *23*(7), 866–871. https://doi.org/10.1016/j.janxdis.2009.04.006

Michael, K. D., Payne, L. O., & Albright, A. E. (2012). An adaptation of the coping cat program: The successful treatment of a 6-year-old boy with generalized anxiety disorder. *Clinical Case Studies*, *11*(6), 426–440. https://doi.org/10.1177/1534650112460912

Molfese, V. J., & Molfese, D. L. (Eds.). (2000). *Temperament and personality development across the life span*. London: Routledge.

Möller, E. L., Majdandžić, M., & Bögels, S. M. (2015). Parental anxiety, parenting behavior, and infant anxiety: Differential associations for fathers and mothers. *Journal of Child and Family Studies*, *24*(9), 2626–2637. https://doi.org/10.1007/s10826-014-0065-7

Monestès, J.-L., Karekla, M., Jacobs, N., Michaelides, M., Hooper, N., Kleen, M., Ruiz, F. J., Miselli, G., Presti, G., Luciano, C., Villatte, M., Bond, F. W., Kishita, N., & Hayes, S. (2018). Experiential avoidance as a common psychological process in European cultures. *European Journal of Psychological Assessment*, *34*(4), 247–257. https://doi.org/10.1027/1015-5759/a000327

Mothander, P. R., & Wang, M. (2014). Parental rearing, attachment, and social anxiety in Chinese adolescents. *Youth & Society*, *46*(2), 155–175. https://doi.org/10.1177/0044118X11427573

Mousavi, S. E., Low, W. Y., & Hashim, A. H. (2016). Perceived parenting styles and cultural influences in adolescent's anxiety: A cross-cultural comparison. *Journal of Child and Family Studies*, *25*(7), 2102–2110. https://doi.org/10.1007/s10826-016-0393-x

Mullen, D., Wilson, C., Jordan, A., Fisher, E., Madhavakkannan, H., & Wainright, E. (in preparation). *Beliefs about worry and pain in young people*.

Muris, P. (2002). Parental rearing behaviors and worry of normal adolescents. *Psychological Reports*, *91*(2), 428–430. https://doi.org/10.2466/pr0.2002.91.2.428

Muris, P., Meesters, C., & Gobel, M. (2001). Reliability, validity, and normative data of the Penn State Worry Questionnaire in 8–12-yr-old children. *Journal of Behavior Therapy and Experimental Psychiatry*, *32*(2), 63–72. https://doi.org/10.1016/s0005-7916(01)00022-2

Muris, P., Meesters, C., Merckelbach, H., & Hülsenbeck, P. (2000). Worry in children is related to perceived parental rearing and attachment. *Behaviour Research and Therapy, 38*(5), 487–497. https://doi.org/ 10.1016/s0005-7967(99)00072-8

Muris, P., Meesters, C., Merckelbach, H., Sermon, A., & Zwakhalen, S. (1998). Worry in normal children. *Journal of the American Academy of Child & Adolescent Psychiatry, 37*(7), 703–710. https://doi.org/10.1097/00004583-199807000-00009

Muris, P., Merckelbach, H., Gadet, B., & Moulaert, V. (2000). Fears, worries, and scary dreams in 4-to 12-year-old children: Their content, developmental pattern, and origins. *Journal of Clinical Child Psychology, 29*(1), 43–52. https:// doi.org/10.1207/S15374424jccp2901_5

Muris, P., Merckelbach, H., & Luijten, M. (2002). The connection between cognitive development and specific fears and worries in normal children and children with below-average intellectual abilities: A preliminary study. *Behaviour Research and Therapy, 40*(1), 37–56. https://doi.org/10.1016/S0005-7967(00)00115-7

Muris, P., Merckelbach, H., Meesters, C., & van den Brand, K. (2002). Cognitive development and worry in normal children. *Cognitive Therapy and Research, 26*(6), 775–787. https://doi.org/10.1023/A:1021241517274

Muris, P., Merckelbach, H., Ollendick, T., King, N., & Bogie, N. (2002). Three traditional and three new childhood anxiety questionnaires: Their reliability and validity in a normal adolescent sample. *Behaviour Research and Therapy, 40*(7), 753–772. https://doi.org/10.1016/S0005-7967(01)00056-0

Muris, P., Roelofs, J., Meesters, C., & Boomsma, P. (2004). Rumination and worry in nonclinical adolescents. *Cognitive Therapy and Research, 28*(4), 539–554. https://doi.org/10.1023/B:COTR.0000045563.66060.3e

Murray, L., Cooper, P., Creswell, C., Schofield, E., & Sack, C. (2007). The effects of maternal social phobia on mother? Infant interactions and infant social responsiveness. *Journal of Child Psychology and Psychiatry, 48*(1), 45–52. https:// doi.org/10.1111/j.1469-7610.2006.01657.x

Murray, L., Lau, P. Y., Arteche, A., Creswell, C., Russ, S., Zoppa, L. D., Muggeo, M., Stein, A., & Cooper, P. (2012). Parenting by anxious mothers: Effects of disorder subtype, context and child characteristics: Specificity of anxiety disorder-subtype effects on parenting. *Journal of Child Psychology and Psychiatry, 53*(2), 188–

196. https://doi.org/10.1111/j.1469-7610.2011.02473.x

Murray, L., Rosnay, M. D., Pearson, J., Bergeron, C., Schofield, E., Royal-Lawson, M., & Cooper, P. J. (2008). Intergenerational transmission of social anxiety: The role of social referencing processes in infancy. *Child Development*, *79*(4), 1049–1064. https://doi.org/10.1111/j.1467-8624.2008.01175.x

Nauta, M. H., Scholing, A., Emmelkamp, P. M. G., & Minderaa, R. B. (2001). Cognitive-behavioural therapy for anxiety disordered children in a clinical setting: Does additional cognitive parent training enhance treatment effectiveness? *Clinical Psychology & Psychotherapy*, *8*(5), 330–340. https://doi.org/10.1002/cpp.314

Nelemans, S. A., Hale, W. W., Branje, S. J. T., Hawk, S. T., & Meeus, W. H. J. (2014). Maternal criticism and adolescent depressive and generalized anxiety disorder symptoms: A 6-year longitudinal community study. *Journal of Abnormal Child Psychology*, *42*(5), 755–766. https://doi.org/10.1007/s10802-013-9817-x

Nelson, E. E., Leibenluft, E., McClure, E. B., & Pine, D. S. (2005). The social reorientation of adolescence: A neuroscience perspective on the process and its relation to psychopathology. *Psychological Medicine*, *35*(2), 163–174. https://doi.org/10.1017/S0033291704003915

Newman, M. G., Castonguay, L. G., Jacobson, N. C., & Moore, G. A. (2015). Adult attachment as a moderator of treatment outcome for generalized anxiety disorder: Comparison between cognitive–behavioral therapy (CBT) plus supportive listening and CBT plus interpersonal and emotional processing therapy. *Journal of Consulting and Clinical Psychology*, *83*(5), 915–925. https://doi.org/10.1037/a0039359

Newman, M. G., & Llera, S. J. (2011). A novel theory of experiential avoidance in generalized anxiety disorder: A review and synthesis of research supporting a contrast avoidance model of worry. *Clinical Psychology Review*, *31*(3), 371–382. https://doi.org/10.1016/j.cpr.2011.01.008

Ng-Cordell, E., Hanley, M., Kelly, A., & Riby, D. M. (2018). Anxiety in Williams syndrome: The role of social behaviour, executive functions and change over time. *Journal of Autism and Developmental Disorders*, *48*(3), 796–808. https://doi.org/10.1007/s10803-017-3357-0

Normann, N., & Esbjørn, B. H. (2018). How do anxious children attempt to regulate worry? Results from a qualitative study with an experimental manipulation. *Psychology and Psychotherapy: Theory, Research and Practice.* https://doi.org/10.1111/papt.12210

Norton, P. J. (2005). A psychometric analysis of the intolerance of uncertainty scale among four racial groups. *Journal of Anxiety Disorders, 19*(6), 699–707. https://doi.org/10.1016/j.janxdis.2004.08.002

O'Kearney, R., & Pech, M. (2014). General and sleep-specific worry in insomnia: General and sleep-specific worry in insomnia. *Sleep and Biological Rhythms, 12*(3), 212–215. https://doi.org/10.1111/sbr.12054

Okado, Y., & Bierman, K. L. (2015). Differential risk for late adolescent conduct problems and mood dysregulation among children with early externalizing behavior problems. *Journal of Abnormal Child Psychology, 43*(4), 735–747. https://doi.org/10.1007/s10802-014-9931-4

Oldham-Cooper, R., & Loades, M. (2017). Disorder-specific versus generic cognitive-behavioral treatment of anxiety disorders in children and young people: A systematic narrative review of evidence for the effectiveness of disorder-specific CBT compared with the disorder-generic treatment. *Journal of Child and Adolescent Psychiatric Nursing, 30*(1), 6–17. https://doi.org/10.1111/jcap.12165

Ollendick, T. H., & Benoit, K. E. (2012). A parent–child interactional model of social anxiety disorder in youth. *Clinical Child and Family Psychology Review, 15*(1), 81–91. https://doi.org/10.1007/s10567-011-0108-1

Orton, G. L. (1982). A comparative study of children's worries. *The Journal of Psychology: Interdisciplinary and Applied, 110*(2), 153–162. https://doi.org/10.1080/00223980.1982.9915336

Osleger, C. (2012). *Can the catastrophizing interview technique be used to develop understanding of childhood worry?* Unpublished dissertation. Norwich: University of East Anglia.

Osmanağaoğlu, N., Creswell, C., & Dodd, H. F. (2018). Intolerance of Uncertainty, anxiety, and worry in children and adolescents: A meta-analysis. *Journal of Affective Disorders, 225,* 80–90. https://doi.org/10.1016/j.jad.2017.07.035

Ottaviani, C., Thayer, J. F., Verkuil, B., Lonigro, A., Medea, B., Couyoumdjian, A., & Brosschot, J. F. (2016). Physiological concomitants of perseverative cognition:

A systematic review and meta-analysis. *Psychological Bulletin*, *142*(3), 231–259. https://doi.org/10.1037/bul0000036

Ozsivadjian, A., Knott, F., & Magiati, I. (2012). Parent and child perspectives on the nature of anxiety in children and young people with autism spectrum disorders: A focus group study. *Autism*, *16*(2), 107–121. https://doi.org/10.1177/1362361311431703

Papachristou, H., Theodorou, M., Neophytou, K., & Panayiotou, G. (2018). Community sample evidence on the relations among behavioural inhibition system, anxiety sensitivity, experiential avoidance, and social anxiety in adolescents. *Journal of Contextual Behavioral Science*, *8*, 36–43. https://doi.org/10.1016/j.jcbs.2018.03.001

Parkinson, M., & Creswell, C. (2011). Worry and problem-solving skills and beliefs in primary school children: Worry and problem-solving skills. *British Journal of Clinical Psychology*, *50*(1), 106–112. https://doi.org/10.1348/014466510X523887

Pasarelu, C. R., Dobrean, A., Balazsi, R., Podina, I. R., & Mogoase, C. (2017). Interpretation biases in the intergenerational transmission of worry: A path analysis. *Journal of Evidence-Based Psychotherapies*, *17*(1), 31–49.

Payne, S., Bolton, D., & Perrin, S. (2011). A pilot investigation of cognitive therapy for generalized anxiety disorder in children aged 7–17 years. *Cognitive Therapy and Research*, *35*(2), 171–178. https://doi.org/10.1007/s10608-010-9341-z

Penney, A. M., Mazmanian, D., & Rudanycz, C. (2013). Comparing positive and negative beliefs about worry in predicting generalized anxiety disorder symptoms. *Canadian Journal of Behavioural Science/Revue canadienne des sciences du comportement*, *45*(1), 34–41. https://doi.org/10.1037/a0027623

Perquin, C. W., Hazebroek-Kampschreur, A. A. J. M., Hunfeld, J. A. M., Bohnen, A. M., van Suijlekom-Smit, L. W. A., Passchier, J., & van der Wouden, J. C. (2000). Pain in children and adolescents: A common experience. *PAIN*, *87*(1), 51. https://doi.org/10.1016/S0304-3959(00)00269-4

Perrin, S., Bevan, D., Payne, S., & Bolton, D. (2019). GAD-specific cognitive behavioral treatment for children and adolescents: A pilot randomized controlled trial. *Cognitive Therapy and Research*, *43*(6), 1051–1064. https://doi.org/10.1007/s10608-019-10020-3

Perrin, S., & Last, C. G. (1992). Do childhood anxiety measures measure anxiety? *Journal of Abnormal Child Psychology, 20*(6), 567–578. https://doi. org/10.1007/BF00911241

Pestle, S. L., Chorpita, B. F., & Schiffman, J. (2008). Psychometric properties of the Penn State Worry Questionnaire for children in a large clinical sample. *Journal of Clinical Child & Adolescent Psychology, 37*(2), 465–471. https://doi.org/10.1080/15374410801955896

Pinquart, M. (2017). Associations of parenting dimensions and styles with internalizing symptoms in children and adolescents: A meta-analysis. *Marriage & Family Review, 53*(7), 613–640. https://doi.org/10.1080/01494929. 2016.1247761

Pintner, R., & Lev, J. (1940). Worries of school children. *The Pedagogical Seminary and Journal of Genetic Psychology, 56,* 67–76. phttps://doi.org/10.1080/08856559.1940.9944063

Platt, J. J., & Spivack, G. (2006). Unidimensionality of the means-ends problem- solving(MEPS) procedure. *Journalof Clinical Psychology, 31*(1), 15–16. https://doi. org/10.1002/1097-4679(197501)31:1<15::AID-JCLP2270310106>3.0.CO;2-8

Prados, J. M. (2011). Do beliefs about the utility of worry facilitate worry? *Journal of Anxiety Disorders, 25*(2), 217–223. https://doi.org/10.1016/j.janxdis.2010.09.005

Qiu, L., Su, J., Ni, Y., Bai, Y., Zhang, X., Li, X., & Wan, X. (2018). The neural system of metacognition accompanying decision-making in the prefrontal cortex. *PLOS Biology, 16*(4), e2004037. https://doi.org/10.1371/journal.pbio.2004037

Quach, A. S., Epstein, N. B., Riley, P. J., Falconier, M. K., & Fang, X. (2015). Effects of parental warmth and academic pressure on anxiety and depression symptoms in Chinese adolescents. *Journal of Child and Family Studies, 24*(1), 106–116. https://doi.org/10.1007/s10826-013-9818-y

Rafetseder, E., & Perner, J. (2012). When the alternative would have been better: Counterfactual reasoning and the emergence of regret. *Cognition & Emotion, 26*(5), 800–819. https://doi.org/10.1080/02699931.2011.619744

Reale, L., Bartoli, B., Cartabia, M., Zanetti, M., Costantino, M. A., Canevini, M. P., Termine, C., Bonati, M., Conte, S., Renzetti, V., Salvoni, L., Molteni, M., Salandi, A., Trabattoni, S., Effedri, P., Filippini, E., Pedercini, E., Zanetti, E., …

Rossi, G. (2017). Comorbidity prevalence and treatment outcome in children and adolescents with ADHD. *European Child & Adolescent Psychiatry; New York*, *26*(12), 1443–1457. http://dx.doi.org/10.1007/s00787-017-1005-z

Reinholdt-Dunne, M. L., Blicher, A., Nordahl, H., Normann, N., Esbjørn, B. H., & Wells, A. (2019). Modeling the relationships between metacognitive beliefs, attention control and symptoms in children with and without anxiety disorders: A test of the S-REF model. *Frontiers in Psychology*, *10*, 1025. https://doi.org/10.3389/fpsyg.2019.01205

Reynolds, C. R. (1980). Concurrent validity of what I think and feel: The revised children's manifest anxiety scale. *Journal of Consulting and Clinical Psychology*, *48*(6), 774–775. https://doi.org/10.1037/0022-006X.48.6.774

Reynolds, C. R., & Richmond, B. O. (1978). What I think and feel: A revised measure of children's manifest anxiety. *Journal of Abnormal Child Psychology*, *6*(2), 271–280. https://doi.org/10.1007/BF00919131

Riggs, K. J., Peterson, D. M., Robinson, E. J., & Mitchell, P. (1998). Are errors in false belief tasks symptomatic of a broader difficulty with counterfactuality? *Cognitive Development*, *13*(1), 73–90. https://doi.org/10.1016/S0885-2014(98)90021-1

Roberts, R. E., & Duong, H. T. (2017). Is there an association between short sleep duration and adolescent anxiety disorders? *Sleep Medicine*, *30*, 82–87. https://doi.org/10.1016/j.sleep.2016.02.007

Robinson, E. J., & Beck, S. (2000). What is difficult about counterfactual reasoning? In P. Mitchell, & K. Riggs (Eds.), *Children's reasoning and the mind* (pp. 101–119). London: Psychology Press/Taylor & Francis.

Rodríguez-Biglieri, R., & Vetere, G. L. (2011). Psychometric characteristics of the Penn State Worry Questionnaire in an Argentinean sample: A cross-cultural contribution. *The Spanish Journal of Psychology*, *14*(1), 452–463. https://doi.org/10.5209/rev_SJOP.2011.v14.n1.41

Roebers, C. M. (2017). Executive function and metacognition: Towards a unifying framework of cognitive self-regulation. *Developmental Review*, *45*, 31–51. https://doi.org/10.1016/j.dr.2017.04.001

Roelofs, J., Meesters, C., ter Huurne, M., Bamelis, L., & Muris, P. (2006). On the links between attachment style, parental rearing behaviors, and internalizing and externalizing problems in non-clinical children. *Journal of Child and Family Studies, 15*(3), 319–332. https://doi.org/10.1007/s10826-006-9025-1

Roemer, L., & Orsillo, S. M. (2002). Expanding our conceptualization of and treatment for generalized anxiety disorder: Integrating mindfulness/acceptance-based approaches with existing cognitive-behavioral models. *Clinical Psychology: Science and Practice, 9*(1), 54–68. https://doi.org/10.1093/clipsy.9.1.54

Roemer, L., Salters, K., Raffa, S. D., & Orsillo, S. M. (2005). Fear and avoidance of internal experiences in GAD: Preliminary tests of a conceptual model. *Cognitive Therapy and Research, 29*(1), 71–88. https://doi.org/10.1007/s10608-005-1650-2

Roese, N. J., & Olson, J. M. (1997). Counterfactual thinking: The intersection of affect and function. In M. P. Zanna (Ed.), *Advances in experimental social psychology* (Vol. 29, pp. 1–59). Academic Press. https://doi.org/10.1016/S0065-2601(08)60015-5

Roisman, G. I., Padrón, E., Sroufe, L. A., & Egeland, B. (2002). Earned–secure attachment status in retrospect and prospect. *Child Development, 73*(4), 1204–1219. https://doi.org/10.1111/1467-8624.00467

Ronald, A., Sieradzka, D., Cardno, A. G., Haworth, C. M. A., McGuire, P., & Freeman, D. (2014). Characterization of psychotic experiences in adolescence using the specific psychotic experiences questionnaire: Findings from a study of 5000 16-year-old twins. *Schizophrenia Bulletin, 40*(4), 868–877. https://doi.org/10.1093/schbul/sbt106

Rovira, J., Albarracin, G., Salvador, L., Rejas, J., Sánchez-Iriso, E., & Cabasés, J. M. (2012). The cost of generalized anxiety disorder in primary care settings: Results of the ANCORA study. *Community Mental Health Journal, 48*(3), 372–383. https://doi.org/10.1007/s10597-012-9503-4

Rubin, K. H., & Rose-Krasnor, L. (1992). Interpersonal problem solving and social competence in children. In V. B. Van Hasselt & M. Hersen (Eds.), *Handbook of Social Development* (pp. 283–323). New York: Springer US. https://doi.org/10.1007/978-1-4899-0694-6_12

Rucker, L. S., West, L. M., & Roemer, L. (2010). Relationships among perceived racial stress, intolerance of uncertainty, and worry in a black sample. *Behavior

Therapy, *41*(2), 245–253. https://doi.org/10.1016/j.beth.2009.04.001

Ruscio, A. M. (2002). Delimiting the boundaries of generalized anxiety disorder: Differentiating high worriers with and without GAD. *Journal of Anxiety Disorders*, *16*(4), 377–400. https://doi.org/10.1016/S0887-6185(02)00130-5

Russell, E., & Sofronoff, K. (2005). Anxiety and social worries in children with Asperger syndrome. *Australian and New Zealand Journal of Psychiatry*, *39*(7), 633–638. https://doi.org/10.1111/j.1440-1614.2005.01637.x

Saiphoo, A. N., & Vahedi, Z. (2019). A meta-analytic review of the relationship between social media use and body image disturbance. *Computers in Human Behavior*, *101*, 259–275. https://doi.org/10.1016/j.chb.2019.07.028

Sala, M., & Levinson, C. A. (2016). The longitudinal relationship between worry and disordered eating: Is worry a precursor or consequence of disordered eating? *Eating Behaviors*, *23*, 28–32. https://doi.org/10.1016/j.eatbeh.2016.07.012

Salari, E., Shahrivar, Z., Mahmoudi-Gharaei, J., Shirazi, E., & Sepasi, M. (2018). Parent-only group cognitive behavioral intervention for children with anxiety disorders: A control group study. *Journal of the Canadian Academy of Child and Adolescent Psychiatry*, *27*(2), 130–136.

Salters-Pedneault, K., Roemer, L., Tull, M. T., Rucker, L., & Mennin, D. S. (2006). Evidence of broad deficits in emotion regulation associated with chronic worry and generalized anxiety disorder. *Cognitive Therapy and Research*, *30*(4), 469–480. https://doi.org/10.1007/s10608-006-9055-4

Sanchez, A. L., Kendall, P. C., & Comer, J. S. (2016). Evaluating the intergenerational link between maternal and child intolerance of uncertainty: A preliminary cross-sectional examination. *Cognitive Therapy and Research*, *40*(4), 532–539. https://doi.org/10.1007/s10608-016-9757-1

Sankar, R., Robinson, L., Honey, E., & Freeston, M. H. (2017). We know intolerance of uncertainty is a transdiagnostic factor but we don't know what it looks like in everyday life. *Clinical Psychology Forum*, *296*, 10–15.

Sassaroli, S., Bertelli, S., Decoppi, M., Crosina, M., Milos, G., & Ruggiero, G. M. (2005). Worry and eating disorders: A psychopathological association. *Eating Behaviors*, *6*(4), 301–307. https://doi.org/10.1016/j.eatbeh.2005.05.001

Sassaroli, S., & Ruggiero, G. M. (2005). The role of stress in the association between low self-esteem, perfectionism, and worry, and eating disorders. *International Journal of Eating Disorders, 37*(2), 135–141. https://doi.org/10.1002/ eat.20079

Schmidt, L. A., & Fox, N. A. (1998). Fear-potentiated startle responses in temperamentally different human infants. *Developmental Psychobiology: The Journal of the International Society for Developmental Psychobiology, 32*(2), 113–120. https://doi.org/10.1002/(SICI)1098-2302(199803)32:2<113::AID-DEV4>3.0.CO;2-S

Schneider, S., Houweling, J. E. G., Gommlich-Schneider, S., Klein, C., Nündel, B., & Wolke, D. (2009). Effect of maternal panic disorder on mother–child interaction and relation to child anxiety and child self-efficacy. *Archives of Women's Mental Health, 12*(4), 251–259. https://doi.org/10.1007/s00737-009-0072-7

Segerstrom, S. C., Tsao, J. C. I., Alden, L. E., & Craske, M. G. (2000). Worry and rumination: Repetitive thought as a concomitant and predictor of negative mood. *Cognitive Therapy and Research, 24*(6), 671–688. https://doi.org/10.1023/A:1005587311498

Seligman, L. D., Hovey, J. D., Ibarra, M., Hurtado, G., Marin, C. E., & Silverman, W. K. (2019). Latino and Non-Latino parental treatment preferences for child and adolescent anxiety disorders. *Child Psychiatry & Human Development, 51*, 617–624. https://doi.org/10.1007/s10578-019-00945-x

Settipani, C. A., Puleo, C. M., Conner, B. T., & Kendall, P. C. (2012). Characteristics and anxiety symptom presentation associated with autism spectrum traits in youth with anxiety disorders. *Journal of Anxiety Disorders, 26*(3), 459–467. https://doi.org/10.1016/j.janxdis.2012.01.010

Sexton, K. A., & Dugas, M. J. (2009). An investigation of factors associated with cognitive avoidance in worry. *Cognitive Therapy and Research, 33*(2), 150–162. https://doi.org/10.1007/s10608-007-9177-3

Shanahan, L., Copeland, W. E., Angold, A., Bondy, C. L., & Costello, E. J. (2014). Sleep problems predict and are predicted by generalized anxiety/depression and oppositional defiant disorder. *Journal of the American Academy of Child & Adolescent Psychiatry, 53*(5), 550–558. https://doi.org/10.1016/j.jaac.2013.12.029

Sharpe, H., Damazer, K., Treasure, J., & Schmidt, U. (2013). What are adolescents' experiences of body dissatisfaction and dieting, and what do they recommend for prevention? A qualitative study. *Eating and Weight Disorders—Studies on*

Anorexia, Bulimia and Obesity, 18(2), 133–141. https://doi.org/10.1007/s40519-013-0023-1

Shekim, W. O., Asarnow, R. F., Hess, E., Zaucha, K., & Wheeler, N. (1990). A clinical and demographic profile of a sample of adults with attention deficit hyperactivity disorder, residual state. *Comprehensive Psychiatry, 31*(5), 416–425. https://doi.org/10.1016/0010-440X(90)90026-O

Shenk, C. E., Putnam, F. W., & Noll, J. G. (2012). Experiential avoidance and the relationship between child maltreatment and PTSD symptoms: Preliminary evidence. *Child Abuse & Neglect, 36*(2), 118–126. https://doi.org/10.1016/j.chiabu.2011.09.012

Shiels, K., & Hawk, L. W. (2010). Self-regulation in ADHD: The role of error processing. *Clinical Psychology Review, 30*(8), 951–961. https://doi.org/10.1016/j.cpr.2010.06.010

Sibrava, N. J., & Borkovec, T. D. (2006). The cognitive avoidance theory of worry. In G. C. L. Davey, & A. Wells (Eds.), *Worry and its psychological disorders: Theory, assessment and treatment* (pp. 239–256). Chichester: John Wiley & Sons Ltd. https://doi.org/10.1002/9780470713143.ch14

Silverman, W. K., Greca, A. M., & Wasserstein, S. (1995). What do children worry about? Worries and their relation to anxiety. *Child Development, 66*(3), 671–686. https://doi.org/10.2307/1131942

Silverman, W. K., Marin, C. E., Rey, Y., Kurtines, W. M., Jaccard, J., & Pettit, J. W. (2019). Group-versus parent-involvement CBT for childhood anxiety disorders: Treatment specificity and long-term recovery mediation. *Clinical Psychological Science, 7*(4), 840–855. https://doi.org/10.1177/2167702619830404

Simon, A., & Ward, L. O. (1974). Variables influencing the sources, frequency and intensity of worry in secondary school pupils. *British Journal of Social & Clinical Psychology, 13*(4), 391–396. https://doi.org/10.1111/j.2044-8260.1974.tb00134.x

Simonds, J., & Rothbart, M. (2004). *The temperament in middle childhood questionnaire (TMCQ): A computerized self-report measure of temperament for ages 7–10.* Occasional Temperament Conference, Athens, Greece.

Simons, L. E., Sieberg, C. B., & Lewis Claar, R. (2012). Anxiety and functional disability in a large sample of children and adolescents with chronic pain. *Pain*

Research and Management, 17(2), 93–97. https://doi.org/10.1155/2012/420676

Siqueland, L., Rynn, M., & Diamond, G. S. (2005). Cognitive behavioral and attachment based family therapy for anxious adolescents: Phase I and II studies. *Journal of Anxiety Disorders, 19*(4), 361–381. https://doi.org/10.1016/j.janxdis.2004.04.006

Smetana, J. G. (1985). Preschool children's conceptions of transgressions: Effects of varying moral and conventional domain-related attributes. *Developmental Psychology, 21*(1), 18–29. https://doi.org/10.1037/0012-1649.21.1.18

Smetana, J. G. (1993). Understanding of social rules. In M. Bennett (Ed.) *The development of social cognition: The child as psychologist* (pp. 111–141). New York: Guilford Press.

Smink, F. R. E., van Hoeken, D., & Hoek, H. W. (2012). Epidemiology of eating disorders: incidence, prevalence and mortality rates. *Current Psychiatry Reports, 14*(4), 406–414. https://doi.org/10.1007/s11920-012-0282-y

Smith, A. M., Flannery-Schroeder, E. C., Gorman, K. S., & Cook, N. (2014). Parent cognitive-behavioral intervention for the treatment of childhood anxiety disorders: A pilot study. *Behaviour Research and Therapy, 61*, 156–161. https://doi.org/10.1016/j.brat.2014.08.010

Smith, J. M., & Alloy, L. B. (2009). A roadmap to rumination: A review of the definition, assessment, and conceptualization of this multifaceted construct. *Clinical Psychology Review, 29*(2), 116–128. https://doi.org/10.1016/j.cpr.2008.10.003

Smith, J. P., Glass, D. J., & Fireman, G. (2015). The understanding and experience of mixed emotions in 3–5-year-old children. *The Journal of Genetic Psychology, 176*(2), 65–81. https://doi.org/10.1080/00221325.2014.1002750

Smith, K. E., & Hudson, J. L. (2013). Metacognitive beliefs and processes in clinical anxiety in children. *Journal of Clinical Child & Adolescent Psychology, 42*(5), 590–602. https://doi.org/10.1080/15374416.2012.755925

Songco, A., Hudson, J. L., & Fox, E. (2020). A cognitive model of pathological worry in children and adolescents: A systematic review. *Clinical Child and Family Psychology Review, 23*(2), 229–249. https://doi.org/10.1007/s10567-020-00311-7

Sørensen, L., Plessen, K. J., Nicholas, J., & Lundervold, A. J. (2011). Is behavioral regulation in children with ADHD aggravated by comorbid anxiety disorder? *Journal of Attention Disorders*, *15*(1), 56–66. https://doi.org/10.1177/1087054709356931

South, M., & Rodgers, J. (2017). Sensory, emotional and cognitive contributions to anxiety in autism spectrum disorders. *Frontiers in Human Neuroscience*, *11*. https://doi.org/10.3389/fnhum.2017.00020

Southam-Gerow, M. A., & Kendall, P. C. (2000). A preliminary study of the emotion understanding of youths referred for treatment of anxiety disorders. *Journal of Clinical Child Psychology*, *29*(3), 319–327. https://doi.org/10.1207/S15374424JCCP2903_3

Spain, D., Sin, J., Linder, K. B., McMahon, J., & Happé, F. (2018). Social anxiety in autism spectrum disorder: A systematic review. *Research in Autism Spectrum Disorders*, *52*, 51–68. https://doi.org/10.1016/j.rasd.2018.04.007

Spears, M., Montgomery, A. A., Gunnell, D., & Araya, R. (2014). Factors associated with the development of self-harm amongst a socio-economically deprived cohort of adolescents in Santiago, Chile. *Social Psychiatry and Psychiatric Epidemiology*, *49*(4), 629–637. https://doi.org/10.1007/s00127-013-0767-y

Speckens, A. E. M., & Hawton, K. (2011). Social problem solving in adolescents with suicidal behavior: A systematic review. *Suicide and Life-Threatening Behavior*, *35*(4), 365–387. https://doi.org/10.1521/suli.2005.35.4.365

Spence, S. H. (1995). *Social skills training, enhancing social competence with children and adolescents: Research and technical support*. Slough: NFER-Nelson.

Spence, S. H. (1998). A measure of anxiety symptoms among children. *Behaviour Research and Therapy*, *36*(5), 545–566. https://doi.org/10.1016/s0005-7967(98)00034-5 Spitzer, R. (1980). *Diagnostic and statistical manual of mental disorders* (Vol. III). Arlington: American Psychiatric Association Publishing.

Stallard, P., Spears, M., Montgomery, A. A., Phillips, R., & Sayal, K. (2013). Self-harm in young adolescents (12–16 years): Onset and short-term continuation in a community sample. *BMC Psychiatry*, *13*(1), 328. https://doi.org/10.1186/1471-244X-13-328

Stanford, E. A., Chambers, C. T., Biesanz, J. C., & Chen, E. (2008). The frequency, trajectories and predictors of adolescent recurrent pain: A population-based approach. *PAIN*, *138*(1), 11. https://doi.org/10.1016/j.pain.2007.10.032

Startup, H., Freeman, D., & Garety, P. A. (2007). Persecutory delusions and catastrophic worry in psychosis: Developing the understanding of delusion distress and persistence. *Behaviour Research and Therapy*, *45*(3), 523–537. https://doi.org/10.1016/j.brat.2006.04.006

Startup, H., Lavender, A., Oldershaw, A., Stott, R., Tchanturia, K., Treasure, J., & Schmidt, U. (2013). Worry and rumination in anorexia nervosa. *Behavioural and Cognitive Psychotherapy*, *41*(3), 301–316. https://doi.org/10.1017/S1352465812000847

Stein, A., Craske, M. G., Lehtonen, A., Harvey, A., Savage-McGlynn, E., Davies, B., Goodwin, J., Murray, L., Cortina-Borja, M., & Counsell, N. (2012). Maternal cognitions and mother–infant interaction in postnatal depression and generalized anxiety disorder. *Journal of Abnormal Psychology*, *121*(4), 795. https://doi.org/10.1037/a0026847

Steinberg, L. (2005). Cognitive and affective development in adolescence. *Trends in Cognitive Sciences*, *9*(2), 69–74. https://doi.org/10.1016/j.tics.2004.12.005

Steinsbekk, S., Berg-Nielsen, T. S., & Wichstrøm, L. (2013). Sleep disorders in preschoolers: Prevalence and comorbidity with psychiatric symptoms. *Journal of Developmental and Behavioral Pediatrics*, *34*(9), 633–641. https://doi.org/10.1097/01.DBP.0000437636.33306.49

Sternheim, L., Startup, H., Saeidi, S., Morgan, J., Hugo, P., Russell, A., & Schmidt, U. (2012). Understanding catastrophic worry in eating disorders: Process and content characteristics. *Journal of Behavior Therapy and Experimental Psychiatry*, *43*(4), 1095–1103. https://doi.org/10.1016/j.jbtep.2012.05.006

Stevenson-Hinde, J., & Shouldice, A. (1995). 4.5 to 7 years: Fearful behaviour, fears and worries. *Journal of Child Psychology and Psychiatry*, *36*(6), 1027–1038. https://doi.org/10.1111/j.1469-7610.1995.tb01348.x

Stokes, C., & Hirsch, C. R. (2010). Engaging in imagery versus verbal processing of worry: Impact on negative intrusions in high worriers. *Behaviour Research and Therapy*, *48*(5), 418–423. https://doi.org/10.1016/j.brat.2009.12.011

Stuijfzand, S., Creswell, C., Field, A. P., Pearcey, S., & Dodd, H. (2018). Research review: Is anxiety associated with negative interpretations of ambiguity in children and adolescents? A systematic review and meta-analysis. *Journal of Child Psychology and Psychiatry, 59*(11), 1127–1142. https://doi.org/10.1111/ jcpp.12822

Stuijfzand, S., & Dodd, H. F. (2017). Young children have social worries too: Validation of a brief parent report measure of social worries in children aged 4–8 years. *Journal of Anxiety Disorders, 50*, 87–93. https://doi.org/10.1016/j.janxdis.2017.05.008

Suddendorf, T. (2010). Linking yesterday and tomorrow: Preschoolers ability to report temporally displaced events. *British Journal of Developmental Psychology, 258*(2), 491–498. https://doi.org/10.1016/j.cub.2014.10.058

Suddendorf, T., Nielsen, M., & von Gehlen, R. (2011). Children's capacity to remember a novel problem and to secure its future solution: Future solutions of novel problems. *Developmental Science, 14*(1), 26–33. https://doi. org/10.1111/j.1467-7687.2010.00950.x

Suh, E. M., Schwartz, S. H., & Melech, G. (2000). National differences in micro and macro worry: Social, economic, and cultural explanations. In E. Diener & E. M. Suh (Eds.), *Culture and subjective well-being*. Cambridge, MA: The MIT Press.

Suveg, C., Morelen, D., Brewer, G. A., & Thomassin, K. (2010). The emotion dysregulation model of anxiety: A preliminary path analytic examination. *Journal of Anxiety Disorders, 24*(8), 924–930. https://doi.org/10.1016/j.janxdis.2010.06.018

Suveg, C., Sood, E., Comer, J. S., & Kendall, P. C. (2009). Changes in emotion regulation following cognitive-behavioral therapy for anxious youth. *Journal of Clinical Child & Adolescent Psychology, 38*(3), 390–401. https://doi.org/10.1080/15374410902851721

Suveg, C., & Zeman, J. (2004). Emotion regulation in children with anxiety disorders. *Journal of Clinical Child and Adolescent Psychology, 33*(4), 750–759. https://doi.org/10.1207/s15374424jccp3304_10

Suveg, C., Zeman, J., Flannery-Schroeder, E., & Cassano, M. (2005). Emotion socialization in families of children with an anxiety disorder. *Journal of Abnormal Child Psychology, 33*(2), 145–155. https://doi.org/10.1007/s10802-005-1823-1

Szabó, M. (2007). Do children differentiate worry from fear? *Behaviour Change,*

24(4), 195–204.

Takahashi, F., Koseki, S., & Shimada, H. (2009). Developmental trends in children's aggression and social problem-solving. *Journal of Applied Developmental Psychology*, *30*(3), 265–272. https://doi.org/10.1016/j.appdev.2008.12.007

Tallis, F., Davey, G. C. L., & Capuzzo, N. (1994). The phenomenology of non-pathological worry: A preliminary investigation. In G. C. L. Davey, & F. Tallis (Eds.), *Worrying: Perspectives on theory, assessment and treatment* (pp. 61–89). Chichester: John Wiley & Sons.

Thayer, J. F., Friedman, B. H., & Borkovec, T. D. (1996). Autonomic characteristics of generalized anxiety disorder and worry. *Biological Psychiatry*, *39*(4), 255–266. https://doi.org/10.1016/0006-3223(95)00136-0

Thielsch, C., Ehring, T., Nestler, S., Wolters, J., Kopei, I., Rist, F., Gerlach, A. L., & Andor, T. (2015). Metacognitions, worry and sleep in everyday life: Studying bidirectional pathways using ecological momentary assessment in GAD patients. *Journal of Anxiety Disorders*, *33*, 53–61. https://doi.org/10.1016/j.janxdis.2015.04.007

Thienemann, M., Moore, P., & Tompkins, K. (2006). A parent-only group intervention for children with anxiety disorders: Pilot study. *Journal of the American Academy of Child & Adolescent Psychiatry*, *45*(1), 37–46. https://doi.org/10.1097/01.chi.0000186404.90217.02

Thirlwall, K., Cooper, P. J., Karalus, J., Voysey, M., Willetts, L., & Creswell, C. (2013). Treatment of child anxiety disorders via guided parent-delivered cognitive–behavioural therapy: Randomised controlled trial. *British Journal of Psychiatry*, *203*(6), 436–444. https://doi.org/10.1192/bjp.bp.113.126698

Thomas, K. M., Drevets, W. C., Dahl, R. E., Ryan, N. D., Birmaher, B., Eccard, C. H., Axelson, D., Whalen, P. J., & Casey, B. J. (2001). Amygdala response to fearful faces in anxious and depressed children. *Archives of General Psychiatry*, *58*(11), 1057–1063. https://doi.org/10.1001/archpsyc.58.11.1057

Topper, M., Emmelkamp, P. M. G., Watkins, E., & Ehring, T. (2017a). Prevention of anxiety disorders and depression by targeting excessive worry and rumination in adolescents and young adults: A randomized controlled trial. *Behaviour Research and Therapy*, *90*, 123–136. https://doi.org/10.1016/j.brat.2016.12.015

Topper, M., Emmelkamp, P. M. G., Watkins, E., & Ehring, T. (2017b). Prevention of anxiety disorders and depression by targeting excessive worry and rumination in adolescents and young adults: A randomized controlled trial. *Behaviour Research and Therapy*, *90*, 123–136. https://doi.org/10.1016/j.brat.2016.12.015

Tracey, S. A., Chorpita, B. F., Douban, J., & Barlow, D. H. (1997). Empirical evaluation of DSM-IV generalized anxiety disorder criteria in children and adolescents. *Journal of Clinical Child Psychology*, *26*(4), 404–414. https://doi.org/10.1207/s15374424jccp2604_9

Treanor, M., Erisman, S. M., Salters-Pedneault, K., Roemer, L., & Orsillo, S. M. (2011). Acceptance-based behavioral therapy for GAD: Effects on outcomes from three theoretical models. *Depression and Anxiety*, *28*(2), 127–136. https://doi.org/10.1002/da.20766

Triantafyllou, K., Cartwright-Hatton, S., Korpa, T., Kolaitis, G., & Barrowclough, C. (2012). Catastrophic worries in mothers of adolescents with internalizing disorders: Maternal catastrophic worries and adolescents' internalizing disorders. *British Journal of Clinical Psychology*, *51*(3), 307–322. https://doi.org/10.1111/j.2044-8260.2011.02029.x

Tsujimoto, S. (2008). The prefrontal cortex: Functional neural development during early childhood. *The Neuroscientist*, *14*(4), 345–358. https://doi.org/10.1177/1073858408316002

Turk, C. L., Heimberg, R. G., Luterek, J. A., Mennin, D. S., & Fresco, D. M. (2005). Emotion dysregulation in generalized anxiety disorder: A comparison with social anxiety disorder. *Cognitive Therapy and Research*, *29*(1), 89–106. https://doi.org/10.1007/s10608-005-1651-1

Turner, L., & Wilson, C. (2010). Worry, Mood and Stop Rules in Young Adolescents: Does the Mood-as-Input Theory Apply? *Journal of Experimental Psychopathology*, *1*(1), 34–51. https://doi.org/10.5127/jep.007810

Turner, S. M., & Beidel, D. C. (1996). Is behavioral inhibition related to the anxiety disorders. *Clinical Psychology Review*, *16*(2), 157–172. https://doi.org/10.1016/0272-7358(96)00010-4

Turner, S. M., Beidel, D. C., Roberson-Nay, R., & Tervo, K. (2003). Parenting behaviors in parents with anxiety disorders. *Behaviour Research and Therapy*,

41(5), 541–554. https://doi.org/10.1016/S0005-7967(02)00028-1

Ursache, A., & Raver, C. C. (2014). Trait and state anxiety: Relations to executive functioning in an at-risk sample. *Cognition and Emotion*, *28*(5), 845–855. https://doi.org/10.1080/02699931.2013.855173

Vaclavik, D., Buitron, V., Rey, Y., Marin, C. E., Silverman, W. K., & Pettit, J. W. (2017). Parental acculturation level moderates outcome in peer-involved and parent-involved CBT for anxiety disorders in Latino youth. *Journal of Latina/o Psychology*, *5*(4), 261–274. https://doi.org/10.1037/lat0000095

Vahedi, A., Krug, I., Fuller-Tyszkiewicz, M., & Westrupp, E. M. (2018). Longitudinal associations between work-family conflict and enrichment, inter-parental conflict, and child internalizing and externalizing problems. *Social Science & Medicine*, *211*, 251–260. https://doi.org/10.1016/j.socscimed.2018.06.031

Van Ameringen, M., Mancini, C., Simpson, W., & Patterson, B. (2011). Adult attention deficit hyperactivity disorder in an anxiety disorders population. *CNS Neuroscience & Therapeutics*, *17*(4), 221–226. https://doi.org/10.1111/j.1755-5949.2010.00148.x

van Eijck, F. E. A. M., Branje, S. J. T., Hale, W. W., & Meeus, W. H. J. (2012). Longitudinal associations between perceived parent-adolescent attachment relationship quality and generalized anxiety disorder symptoms in adolescence. *Journal of Abnormal Child Psychology*, *40*(6), 871–883. https://doi.org/10.1007/s10802-012-9613-z

van Steensel, F. J. A., Bögels, S. M., & Perrin, S. (2011). Anxiety disorders in children and adolescents with autistic spectrum disorders: A meta-analysis. *Clinical Child and Family Psychology Review*, *14*(3), 302. https://doi.org/10.1007/s10567-011-0097-0

van Straten, A., van der Zweerde, T., Kleiboer, A., Cuijpers, P., Morin, C. M., & Lancee, J. (2018). Cognitive and behavioral therapies in the treatment of insomnia: A meta-analysis. *Sleep Medicine Reviews*, *38*, 3–16. https://doi.org/10.1016/j.smrv.2017.02.001

Varela, R. E., & Hensley-Maloney, L. (2009). The influence of culture on anxiety in Latino youth: A review. *Clinical Child and Family Psychology Review*, *12*(3), 217–233. https://doi.org/10.1007/s10567-009-0044-5

Varela, R. E., Sanchez-Sosa, J. J., Biggs, B. K., & Luis, T. M. (2008). Anxiety symptoms and fears in Hispanic and European American Children: Cross-cultural measurement equivalence. *Journal of Psychopathology and Behavioral Assessment*, *30*(2), 132–145. https://doi.org/10.1007/s10862-007-9056-y

Varela, R. E., Sanchez-Sosa, J. J., Biggs, B. K., & Luis, T. M. (2009). Parenting strategies and socio-cultural influences in childhood anxiety: Mexican, Latin American descent, and European American families. *Journal of Anxiety Disorders*, *23*(5), 609–616. https://doi.org/10.1016/j.janxdis.2009.01.012

Vasey, M. W., & Borkovec, T. D. (1992). A catastrophizing assessment of worrisome thoughts. *Cognitive Therapy and Research*, *16*(5), 505–520. https://doi.org/10.1007/BF01175138

Vasey, M. W., Crnic, K. A., & Carter, W. G. (1994). Worry in childhood: A developmental perspective. *Cognitive Therapy and Research*, *18*(6), 529–549.

Vasey, M. W., & Daleiden, E. L. (1994). Worry in Children. In G. C. L. Davey & F. Tallis (Eds.), *Worrying: Perspectives on theory, assessment and treatment* (pp. 185–208). Chichester: John Wiley & Sons Ltd.

Verkuil, B., Brosschot, J., Borkovec, T. D., & Thayer, J. F. (2009). Acute autonomic effects of experimental worry and cognitive problem solving: Why worry about worry? *International Journal of Clinical and Health Psychology*, *9*(3), 439–453.

Verstraeten, K., Bijttebier, P., Vasey, M. W., & Raes, F. (2011). Specificity of worry and rumination in the development of anxiety and depressive symptoms in children. *British Journal of Clinical Psychology*, *50*(4), 364–378. https:/doi.org/10.1348/014466510X532715

Vervoort, T., Goubert, L., Eccleston, C., Bijttebier, P., & Crombez, G. (2006). Catastrophic thinking about pain is independently associated with pain severity, disability, and somatic complaints in school children and children with chronic pain. *Journal of Pediatric Psychology*, *31*(7), 674–683. https:/doi.org/10.1093/jpepsy/jsj059

Viana, A. G., & Rabian, B. (2008). Perceived attachment: Relations to anxiety sensitivity, worry, and GAD symptoms. *Behaviour Research and Therapy*, *46*(6), 737–747. https://doi.org/10.1016/j.brat.2008.03.002

Visu-Petra, L., Miclea, M., & Visu-Petra, G. (2013). Individual differences in anxiety and executive functioning: A multidimensional view. *International Journal of Psychology*, *48*(4), 649–659. https://doi.org/10.1080/00207594.2012.656132

Voon, D., & Phillips, L. J. (2015). An investigation of relationships between cognitive factors associated with worry. *Journal of Experimental Psychopathology*, *6*(4), 330–342. https://doi.org/10.5127/jep.037013

Wåhlstedt, C., Thorell, L. B., & Bohlin, G. (2008). ADHD symptoms and executive function impairment: Early predictors of later behavioral problems. *Developmental Neuropsychology*, *33*(2), 160–178. https://doi.org/10.1080/87565640701884253

Wahlund, T., Andersson, E., Jolstedt, M., Perrin, S., Vigerland, S., & Serlachius, E. (2019). Intolerance of uncertainty–focused treatment for adolescents with excessive worry: A pilot feasibility study. *Cognitive and Behavioral Practice, 27*, 215–230. https://doi.org/10.1016/j.cbpra.2019.06.002

Walczak, M., Breinholst, S., Ollendick, T., & Esbjørn, B. H. (2019). Cognitive behavior therapy and metacognitive therapy: Moderators of treatment outcomes for children with generalized anxiety disorder. *Child Psychiatry & Human Development*, *50*(3), 449–458. https://doi.org/10.1007/s10578-018-0853-1

Warden, D., & MacKinnon, S. (2003). Prosocial children, bullies and victims: An investigation of their sociometric status, empathy and social problem-solving strategies. *British Journal of Developmental Psychology*, *21*(3), 367–385. https://doi.org/10.1348/026151003322277757

Warwick, H., Reardon, T., Cooper, P., Murayama, K., Reynolds, S., Wilson, C., & Creswell, C. (2017). Complete recovery from anxiety disorders following cognitive behavior therapy in children and adolescents: A meta-analysis. *Clinical Psychology Review*, *52*, 77–91. https://doi.org/10.1016/j.cpr.2016.12.002

Waters, A. M., Bradley, B. P., & Mogg, K. (2014). Biased attention to threat in paediatric anxiety disorders (generalized anxiety disorder, social phobia, specific phobia, separation anxiety disorder) as a function of "distress" versus "fear" diagnostic categorization. *Psychological Medicine*, *44*(3), 607–616. https://doi.org/10.1017/S0033291713000779

Waters, A. M., Donaldson, J., & Zimmer-Gembeck, M. J. (2008). Cognitive-behavioural therapy combined with an interpersonal skills component in the treatment of generalised anxiety disorder in adolescent females: A case series. *Behaviour Change, 25*(1), 35–43. https://doi.org/10.1375/bech.25.1.35

Waters, A. M., Groth, T. A., Purkis, H., & Alston-knox, C. (2017). Predicting outcomes for anxious children receiving group cognitive-behavioural therapy: Does the type of anxiety diagnosis make a difference?: Type of diagnosis and treatment outcomes in anxious children. *Clinical Psychologist, 22*, 344–354. https://doi.org/10.1111/cp.12128

Waters, E., Hamilton, C. E., & Weinfield, N. S. (2000). The stability of attachment security from infancy to adolescence and early adulthood: General introduction. *Child Development, 71*(3), 678–683. https://doi.org/10.1111/1467-8624.00175

Watson, D. (2005). Rethinking the mood and anxiety disorders: A quantitative hierarchical model for DSM-V. *Journal of Abnormal Psychology, 114*(4), 522–536. https://doi.org/10.1037/0021-843X.114.4.522

Watson, D., & Pennebaker, J. W. (1989). Health complaints, stress, and distress: Exploring the central role of negative affectivity. *Psychological Review, 96*(2), 234–254. https://doi.org/10.1037//0033-295X.96.2.234

Webster-Stratton, C. (1990). *Wally game: A problem-solving test.* Seattle: Unpublished manuscript, University of Washington.

Webster-Stratton, C., & Reid, M. J. (2003). Treating conduct problems and strengthening social and emotional competence in young children: The Dina Dinosaur treatment program. *Journal of Emotional and Behavioral Disorders, 11*(3), 130–143. https://doi.org/10.1177/10634266030110030101

Weems, C. F. (2008). Developmental trajectories of childhood anxiety: Identifying continuity and change in anxious emotion. *Developmental Review, 28*(4), 488–502. https://doi.org/10.1016/j.dr.2008.01.001

Weems, C. F., Silverman, W. K., & La Greca, A. M. (2000). What do youth referred for anxiety problems worry about? Worry and its relation to anxiety and anxiety disorders in children and adolescents. *Journal of Abnormal Child Psychology, 28*(1), 63–72. https://doi.org/10.1023/A:1005122101885

Weems, C. F., & Stickle, T. R. (2005). Anxiety disorders in childhood: Casting a nomological net. *Clinical Child and Family Psychology Review, 8*(2), 107–134. https://doi.org/10.1007/s10567-005-4751-2

Weems, C. F., Zakem, A. H., Costa, N. M., Cannon, M. F., & Watts, S. E. (2005). Physiological response and childhood anxiety: Association with symptoms of anxiety disorders and cognitive bias. *Journal of Clinical Child and Adolescent Psychology, 34*(4), 712–723. https://doi.org/10.1207/s15374424jccp3404_13

Weil, L. G., Fleming, S. M., Dumontheil, I., Kilford, E. J., Weil, R. S., Rees, G., Dolan, R. J., & Blakemore, S.-J. (2013). The development of metacognitive ability in adolescence. *Consciousness and Cognition, 22*(1), 264–271. https://doi.org/10.1016/j.concog.2013.01.004

Weise, S., Ong, J., Tesler, N. A., Kim, S., & Roth, W. T. (2013). Worried sleep: 24-h monitoring in high and low worriers. *Biological Psychology, 94*(1), 61–70. https://doi.org/10.1016/j.biopsycho.2013.04.009

Wells, A. (1995). Meta-cognition and worry: A cognitive model of generalized anxiety disorder. *Behavioural and Cognitive Psychotherapy, 23*(3), 301–320. https://doi.org/10.1017/S1352465800015897

Wells, A. (2011). *Metacognitive therapy for anxiety and depression*. New York: Guilford Press.

Wells, A., & Carter, K. E. P. (2009). Maladaptive thought control strategies in generalized anxiety disorder, major depressive disorder, and nonpatient groups and relationships with trait anxiety. *International Journal of Cognitive Therapy, 2*(3), 224–234. https://doi.org/10.1521/ijct.2009.2.3.224

Wells, A., & Cartwright-Hatton, S. (2004). A short form of the metacognitions questionnaire: Properties of the MCQ-30. *Behaviour Research and Therapy, 42*(4), 385–396. https://doi.org/10.1016/S0005-7967(03)00147-5

Wells, A., & Davies, M. I. (1994). The thought control questionnaire: A measure of individual differences in the control of unwanted thoughts. *Behaviour Research and Therapy, 32*(8), 871–878. https://doi.org/10.1016/0005-7967(94)90168-6

Werner, N. E., & Crick, N. R. (2004). Maladaptive peer relationships and the development of relational and physical aggression during middle childhood. *Social Development, 13*(4), 495–514. https://doi.org/10.1111/j.1467-9507.2004.00280.x

Whaley, S., Pinto, A., & Sigman, M. (1999). Characterizing interactions between anxious mothers and their children. *Journal of Consulting and Clinical Psychology, 67*(6), 826–836. https://doi.org/10.1037/0022-006X.67.6.826

White, J. A., & Hudson, J. L. (2016). The metacognitive model of anxiety in children: Towards a reliable and valid measure. *Cognitive Therapy and Research*, *40*(1), 92–106. https://doi.org/10.1007/s10608-015-9725-1

Whiting, S. E., May, A. C., Rudy, B. M., & Davis, T. E. (2014). Strategies for the control of unwanted thoughts in adolescents: The adolescent thought control questionnaire (TCQ-A). *Journal of Psychopathology and Behavioral Assessment*, *36*(2), 276–287. https://doi.org/10.1007/s10862-013-9369-y

Whitton, S. W., Luiselli, J. K., & Donaldson, D. L. (2006). Cognitive-behavioral treatment of generalized anxiety: Disorder and vomiting phobia in an elementary-age child. *Clinical Case Studies*, *5*(6), 477–487. https://doi.org/10.1177/1534650105284476

Wijsbroek, S. A. M., Hale III, W. W., Raaijmakers, Q. A. W., & Meeus, W. H. J. (2011). The direction of effects between perceived parental behavioral control and psychological control and adolescents' self-reported GAD and SAD symptoms. *European Child & Adolescent Psychiatry*, *20*(7), 361–371. https://doi.org/10.1007/s00787-011-0183-3

Williams, S. R., Kertz, S. J., Schrock, M. D., & Woodruff-Borden, J. (2012). A sequential analysis of parent–child interactions in anxious and nonanxious families. *Journal of Clinical Child & Adolescent Psychology*, *41*(1), 64–74. https:// doi.org/10.1080/15374416.2012.632347

Wilson, C. (2008, July). *Worry and meta-cognition in children: Developmental patterns*. BABCP Annual Conference, Edinburgh.

Wilson, C. (2010). Pathological worry in children: What is currently known? *Journal of Experimental Psychopathology*, *1*(1), 6–33. https://doi.org/10.5127/ jep.008110

Wilson, C., Bourne, S., & Cuddy, S. (in preparation). *Catastrophising in children: Relationships with verbal ability, verbal fluency, worry and anxiety*.

Wilson, C., Budd, B., Chernin, R., King, H., Leddy, A., Maclennan, F., & Mallandain, I. (2011). The role of meta-cognition and parenting in adolescent worry. *Journal of Anxiety Disorders*, *25*(1), 71–79. https://doi.org/10.1016/j.janxdis.2010.08.005

Wilson, C., Curtin, R., O'Brien, D., Skelton, S., & Easton, A. (in preparation). *Impact of mood on future thinking: A developmental investigation*.

Wilson, C., & Hall, M. (2012). Thought control strategies in adolescents: Links with OCD symptoms and meta-cognitive beliefs. *Behavioural and Cognitive Psychotherapy*, *40*(4), 438–451. https://doi.org/10.1017/S135246581200001X

Wilson, C., & Hughes, C. (2011). Worry, beliefs about worry and problem solving in young children. *Behavioural and Cognitive Psychotherapy*, *39*(5), 507–521. https://doi.org/10.1017/S1352465811000269

Wilson, C., McEnaney, E., & Felekki, A. (in preparation). *Can and do children differentiate between fear and worry?*

Wilson, C., McKinney, R., Mullen, J., & Ryan, H. (2019, October). *Thought control strategies in children*. European Association of Clinical Psychology, Dresden, Germany.

Wilson, C., Mullen, J., McKinney, R., & Ryan, H. (in preparation). *The control of unwanted thoughts: A developmental perspective.*

Wilson, T. D., & Gilbert, D. T. (2005). Affective forecasting: Knowing what to want. *Current Directions in Psychological Science*, *14*(3), 131–134. https://doi.org/10.1111/j.0963-7214.2005.00355.x

Wolters, L. H., Hogendoorn, S. M., Oudega, M., Vervoort, L., de Haan, E., Prins, P. J. M., & Boer, F. (2012). Psychometric properties of the Dutch version of the meta-cognitions questionnaire-adolescent version (MCQ-A) in non-clinical adolescents and adolescents with obsessive-compulsive disorder. *Journal of Anxiety Disorders*, *26*(2), 343–351. https://doi.org/10.1016/j.janxdis.2011.11.013

Wong, K. K., Freeman, D., & Hughes, C. (2014). Suspicious young minds: Paranoia and mistrust in 8-to 14-year-olds in the UK and Hong Kong. *The British Journal of Psychiatry*, *205*(3), 221–229. https://doi.org/10.1192/bjp.bp.113.135467

Wood, J. J., Piacentini, J. C., Southam-Gerow, M., Chu, B. C., & Sigman, M. (2006). Family cognitive behavioral therapy for child anxiety disorders. *Journal of the American Academy of Child & Adolescent Psychiatry*, *45*(3), 314–321. https://doi.org/10.1097/01.chi.0000196425.88341.b0

Wright, M., Banerjee, R., Hoek, W., Rieffe, C., & Novin, S. (2010). Depression and social anxiety in children: Differential links with coping strategies. *Journal of Abnormal Child Psychology*, *38*(3), 405–419. https://doi.org/10.1007/s10802-009-9375-4

Wurm, M., Anniko, M., Tillfors, M., Flink, I., & Boersma, K. (2018).

Musculoskeletal pain in early adolescence: A longitudinal examination of pain prevalence and the role of peer-related stress, worry, and gender. *Journal of Psychosomatic Research*, *111*, 76–82. https://doi.org/10.1016/j.jpsychores.2018.05.016

Xing, X., & Wang, M. (2017). Gender differences in the moderating effects of parental warmth and hostility on the association between corporal punishment and child externalizing behaviors in China. *Journal of Child and Family Studies*, *26*(3), 928–938. https://doi.org/10.1007/s10826-016-0610-7

Xu, J., Ni, S., Ran, M., & Zhang, C. (2017). The relationship between parenting styles and adolescents' social anxiety in migrant families: A study in Guangdong, China. *Frontiers in Psychology*, *8*, 626. https://doi.org/10.3389/fpsyg.2017.00626 Yalom, I. D. (1985). *The theory and practice of group psychotherapy*. New York: Basic Books.

Yap, M. B. H., & Jorm, A. F. (2015). Parental factors associated with childhood anxiety, depression, and internalizing problems: A systematic review and meta-analysis. *Journal of Affective Disorders*, *175*, 424–440. https://doi.org/10.1016/j.jad.2015.01.050

Yap, M. B. H., Pilkington, P. D., Ryan, S. M., & Jorm, A. F. (2014). Parental factors associated with depression and anxiety in young people: A systematic review and meta-analysis. *Journal of Affective Disorders*, *156*, 8–23. https://doi.org/ 10.1016/j.jad.2013.11.007

Yılmaz, A. E., Gençöz, T., & Wells, A. (2008). Psychometric characteristics of the Penn State Worry Questionnaire and Metacognitions Questionnaire-30 and metacognitive predictors of worry and obsessive–compulsive symptoms in a Turkish sample. *Clinical Psychology & Psychotherapy*, *15*(6), 424–439. https://doi.org/10.1002/cpp.589

Young, C. C., & Dietrich, M. S. (2015). Stressful life events, worry, and rumination predict depressive and anxiety symptoms in young adolescents. *Journal of Child and Adolescent Psychiatric Nursing*, *28*(1), 35–42. https://doi. org/10.1111/jcap.12102

Zainal, N. H., Newman, M. G., & Hong, R. Y. (2019). Cross-cultural and gender invariance of transdiagnostic processes in the United States and Singapore. *Assessment*, 1073191119869832. https://doi.org/10.1177/1073191119869832

Zeligs, R. (1939). Children's worries. *Sociology & Social Research*, *24*, 22–32.

Understanding Children's Worry: Clinical, Developmental And Cognitive Psychological Perspectives

ISBN: 9780815378884

© 2021 Charlotte Wilson

Authorized translation from English language edition published by Taylor & Francis Group LLC.

All rights reserved.

本书原版由 Taylor & Francis 出版集团出版，并经其授权翻译出版。版权所有，侵权必究。

China Renmin University Press Co, Ltd is authorized to publish and distribute exclusively the Chinese (Simplified Characters) language edition. This edition is authorized for sale throughout Mainland of China. No part of the publication may be reproduced or distributed by any means, or stored in a database or retrieval system, without the prior written permission of the publisher.

本书中文简体翻译版授权由中国人民大学出版社独家出版并仅限在中国大陆地区销售。

未经出版者书面许可，不得以任何方式复制或发行本书的任何部分。

Copies of this book sold without a Taylor Francis sticker on the cover are unauthorized and illegal.

本书封底贴有 Taylor & Francis 公司防伪标签，无标签者不得销售。

北京阅想时代文化发展有限责任公司为中国人民大学出版社有限公司下属的商业新知事业部，致力于经管类优秀出版物（外版书为主）的策划及出版，主要涉及经济管理、金融、投资理财、心理学、成功励志、生活等出版领域，下设"阅想·商业""阅想·财富""阅想·新知""阅想·心理""阅想·生活"以及"阅想·人文"等多条产品线，致力于为国内商业人士提供涵盖先进、前沿的管理理念和思想的专业类图书和趋势类图书，同时也为满足商业人士的内心诉求，打造一系列提倡心理和生活健康的心理学图书和生活管理类图书。

《侵入式教养：关于父母心理控制如何影响儿童和青少年的研究》

- 一部全面探讨父母心理控制对儿童和青少年健全人格养成、亲密关系建立和健康成长的影响的经典著作。
- 美国心理学会倾情推荐。
- 美国密歇根大学心理学系教授杰奎琳·S. 埃克尔斯做序推荐。

《战胜代际焦虑：父母越平和，孩子身心越健康》

- 本书作者韩海英是安定医院前主治医师，有多年的儿童和青少年心理咨询经验。
- 本书看到了孩子的焦虑、抑郁、抽动等问题背后的原因，分析了父母和孩子产生焦虑的原因，并提出了更好的解决办法——用不吼不叫不唠叨的方式，更平和地面对自己和孩子。
- 首都医科大学附属北京安定医院主任心理师、中国卫生协会心理咨询师专业委员会主任委员、北京心理卫生协会理事长姜长青；北京市西城区平安医院院长、精神科主任医师，中国心理卫生协会特殊职业群体专业委员会副主任委员肖存利；清华大学社科院学院积极天性研究中心秘书长陶丽（陶子欧）联袂推荐。